设 计 师 的

书籍装帧设计

色彩搭配手册

梁晓龙————编著

清華大学出版社

北 京

内 容 简 介

这是一本全面介绍书籍装帧设计的图书，其突出特点是知识易懂、案例趣味、动手实践、发散思维。

本书从学习书籍装帧设计的基础理论知识入手，循序渐进地为读者呈现一个个精彩实用的知识、技巧、色彩搭配方案、CMYK数值。本书共分为7章，内容分别为书籍装帧设计基础知识、认识色彩、书籍装帧设计基础色、书籍装帧中的版式设计、书籍装帧设计的形式设计、不同类型书籍的装帧设计、书籍装帧设计的经典技巧。在多个章节中安排了常用主题色、常用色彩搭配、配色速查、色彩点评、推荐色彩搭配等经典模块，在丰富本书结构的同时，也增强了实用性。

本书内容丰富、案例精彩、书籍装帧设计新颖，适合书籍装帧设计、平面设计、VI设计、包装设计等专业的初级读者学习使用，也可作为大、中专院校书籍装帧设计、平面设计、VI设计、包装设计专业培训机构的教材，还非常适合喜爱书籍装帧设计的读者朋友作为参考用书。

图书在版编目(CIP)数据

设计师的书籍装帧设计色彩搭配手册 / 梁晓龙编著. —北京：清华大学出版社，2021.3
ISBN 978-7-302-57505-4

Ⅰ. ①设… Ⅱ. ①梁… Ⅲ. ①书籍装帧－设计－色彩学－手册 Ⅳ. ①TS881-62

中国版本图书馆CIP数据核字(2021)第027001号

责任编辑：韩宜波
封面设计：杨玉兰
责任校对：李玉茹
责任印制：丛怀宇

出版发行：清华大学出版社
    网　　　址：http://www.tup.com.cn，http://www.wqbook.com
    地　　　址：北京清华大学学研大厦 A 座　　　　**邮　　编：**100084
    社 总 机：010-62770175　　　　　　　　　　**邮　　购：**010-62786544
    投稿与读者服务：010-62776969，c-service@tup.tsinghua.edu.cn
    质 量 反 馈：010-62772015，zhiliang@tup.tsinghua.edu.cn
印 装 者：三河市君旺印务有限公司
经　　销：全国新华书店
开　　本：185mm×210mm　　　　**印　　张：**9.4　　　　**字　　数：**290 千字
版　　次：2021 年 3 月第 1 版　　　**印　　次：**2021 年 3 月第 1 次印刷
定　　价：69.80 元

产品编号：088375-01

　　本书是从基础理论到高级进阶实战的书籍装帧设计书籍，以配色为出发点，讲述书籍装帧设计中配色的应用。书中包含了书籍装帧设计必学的基础知识及经典技巧。本书不仅有理论讲解、有精彩案例赏析，还有大量的色彩搭配方案、精确的CMYK色彩数值，让读者既可以将其作为赏析，又可以将其作为工作案头的素材书籍。

本书共分7章，具体安排如下。

　　第1章为书籍装帧设计基础知识，介绍书籍装帧设计的定义、组成结构、构成元素，是最简单、最基础的原理部分。

　　第2章为认识色彩，包括色相、明度、纯度、主色、辅助色、点缀色、色相对比、色彩的距离、色彩的面积、色彩的冷暖。

　　第3章为书籍装帧设计基础色，包括红色、橙色、黄色、绿色、青色、蓝色、紫色，以及黑、白、灰。

　　第4章为书籍装帧中的版式设计，包括骨骼型、对称型、分割型、满版型、曲线型、倾斜型、放射型、三角形、自由型方式。

　　第5章为书籍装帧设计的形式设计，包括结构设计、正文设计、装订形式。

　　第6章为不同类型书籍的装帧设计，包括童书类、教育类、文艺类、人文社科类、艺术类、生活类、经管类、科技类、杂志类。

　　第7章为书籍装帧设计的经典技巧，精选15个设计技巧。

本书特色如下。

- **轻鉴赏，重实践**

  鉴赏类书只能看，看完自己还是设计不好，本书则不同，增加了多个动手的模块，让读者边看、边学、边练。

- **章节合理，易吸收**

  第1~3章主要讲解书籍装帧设计的基础知识、基础色；第4~6章介绍版式设计、形式设计、不同类型书籍的装帧设计；第7章以轻松的方式介绍15个设计技巧。

- **设计师编写，写给设计师看**

  针对性强，而且知道读者的需求。

- **模块超丰富**

  常用主题色、常用色彩搭配、配色速查、色彩点评、推荐色彩搭配在本书都能找到，一次性满足读者的求知欲。

- **本书是系列书中的一本**

  在本系列书中读者不仅能系统学习书籍装帧设计，而且有更多的设计专业可以选择。

本书希望通过对知识的归纳总结、富有趣味的模块讲解，打开读者的思路，避免一味地照搬书本内容，推动读者自行多做尝试、多理解，增加动脑、动手的能力。希望能通过本书来激发读者的学习兴趣，开启设计的大门，帮助您迈出第一步，圆您一个设计师的梦！

本书由梁晓龙老师编著，其他参与编写的人员还有李芳、董辅川、王萍、孙晓军、杨宗香。

由于作者水平有限，书中难免存在错误和不妥之处，敬请广大读者批评和指出。

编　者

CONTENTS
目 录

第2章
认识色彩

第5章
书籍装帧设计的形式设计

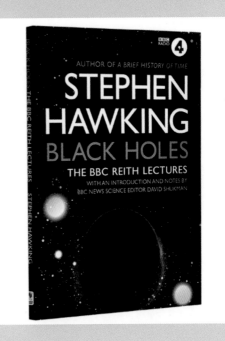

第6章
不同类型书籍的装帧设计

第7章
书籍装帧设计的经典技巧

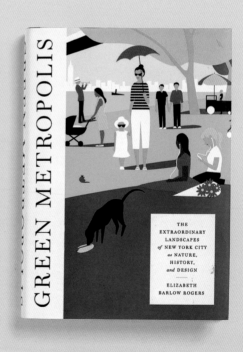

第1章
书籍装帧设计基础知识

　　书籍装帧设计是指书籍从文字书稿到成书的整个设计过程，包括书籍的开本选择、装帧形式、封面设计、腰封设计、字体设计、版面设计、色彩设计、插图设计，以及纸张材料、印刷方式和装订方式等各个环节，也是完成书籍从平面化到立体化的过程，其中包含艺术思维、创意构思和技术手法的设计。在书籍的生产与设计过程中，要注意将材料与工艺、思想与艺术、外观与内容、局部与整体等组合成协调统一且富有美感的整体艺术。书籍装帧设计即是一项将外表形式与内在信息相结合的综合性设计。

　　书籍装帧中的外观设计，包括文字、图形、构图和色彩四个设计要素。其中，文字包括书籍简要的文字（主要是书名、作者名和出版社名）；图形包括摄影图片、插图和图案等，可以是写实的、写意的或是抽象的；构图包括水平、垂直、倾斜、曲线、放射、三角、分割、自由等；色彩包括对比色、互补色、邻近色、色调的冷暖等。书籍装帧设计是根据书籍内容进行的，书籍的内容与主题方向是书籍装帧风格定位的前提。因此在进行装帧设计之前，要对书稿的内容和性质有一定的了解，进而完成书籍装帧的完整设计。

1.1 书籍装帧设计的定义

　　"书籍"是指通过一定的手法与手段将文字、图画和其他符号等按照一定的形式记录在一定形态的材料之上，目的是不受时间与空间的限制，流传、记录和保存知识，表达思想、沟通交流、积累文化与传播知识等。书籍是书本、期刊、画册、图片等出版物的总称。

　　"装帧"是指装潢装订书籍，将纸张叠成一帧后再将多帧订在一起，赋予其书面的形式；也指书籍的外观设计和技术运用，可称其为装饰设计与工艺制造的总称。

　　书籍与装帧两者一经结合，书籍装帧设计就与平常的平面设计存在较大的区别，它是书籍从平面化到立体化，从造型构想到内容文字编排的整体设计。在设计过程中，设计师需要在对书稿的主题与内容有一定的了解之后进行严谨的策划、缜密的艺术构思，同时灵活运用文字、色彩、图形等视觉元素，对包括书籍的开本、封面、护封、书脊、版式、环衬、扉页、插图、插页、封底、版权页、书函在内的开本设计、封面设计、版面设计、装订形式以及使用的材料等进行总体设计，用以展示书籍主题与内涵，传达作者的思想态度。

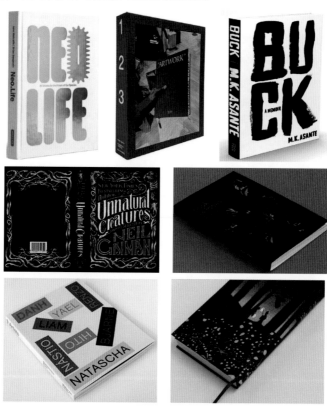

1.2 书籍装帧设计的
　　　组成结构

　　书籍装帧设计是指书籍从文字书稿到成书的整个设计过程，是一次将外表形式与内在信息相结合的综合性设计。书籍装帧设计服务于书籍，一本完整的书籍一般由以下部分构成：书函、护封、封面、环衬、封底、扉页、勒口、腰封、书脊、飘口、订口、切口、腰带、书签带、版权页、页码、页眉、目录页、序言页、后记页、附录页、题词页、插页等。

　　书籍装帧设计可分为常态结构与拓展结构两部分，常态结构包括封面、封底、书籍、护封、勒口、环衬、扉页、其他页等；拓展结构包括书函、腰封、订口、切口、飘口、书签条、堵布头、书槽等。

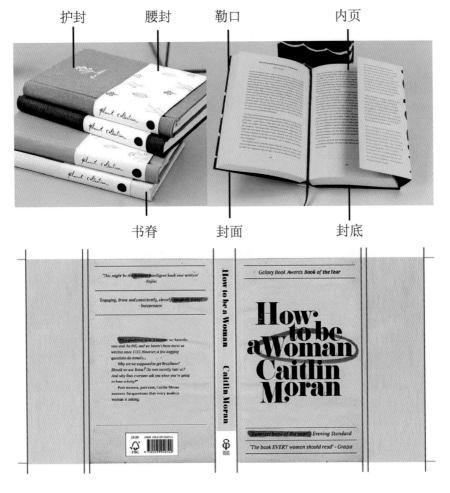

1.3 书籍装帧设计的构成元素

　　书籍在生产过程中需要将文字内容、形式、思想、视觉元素等相关的部分组合形成和谐、美观的整体。装帧设计不仅需要符合大多数人的审美思维，还需要展现出书籍的内容、风格、主题，并表达出著作者的意图和书籍内涵。因此，构成书籍装帧设计的各个元素至关重要。书籍装帧设计的构成元素包括以下几个部分：从流程上看，书籍装帧设计是指书籍的开本、装帧形式、封面设计、腰封设计、字体设计、版面设计、色彩设计、插图设计，以及纸张材料、印刷方式、装订方式和工艺制造等各个环节。简言之，书籍装帧的主要构成要素包括色彩设计、版式设计、材质选择以及装帧形式。

- 色彩设计：在书籍装帧设计中，色彩是最能让读者产生情感波动的设计元素，是信息传递的主要途径。色彩具有非常强大的视觉感知能力，可以提高书籍整体的艺术感，更好地吸引读者。
- 版式设计：版式设计是书籍装帧设计中的重要组成部分，将视觉元素按照一定的形式加以编排，形成合理的构图形式，在便于读者阅读的同时也为其带来视觉享受。
- 材质选择：根据不同书籍的风格、类型、内容，纸张材质的选择也有所不同。选用过程中要注重材料的实用性与艺术性，适宜的材质可以为读者带来视觉和触觉的双重享受。
- 装帧形式：书籍的装帧形式主要分为简装（平装）和精装两大类。简装书的生产和印刷较为普遍，成本低廉，常用于一般的书籍与杂志。精装书则更为坚固美观，可以更好地保护内页，工艺较高，具有更高的收藏价值。

　　书籍装帧设计服务于书籍，因此在书籍装帧设计的过程中，设计师需要不断创新与研究，使色彩、版式、材质、装帧形式等构成要素可以和谐地组合在一起，从而使书籍的装帧设计完整且美观，具有独特的审美价值和时代特色。

1.3.1　色彩

在书籍装帧设计中，色彩可以快速地传递书籍的信息，抓住读者的视线，决定书籍给人的印象。因此，面向不同的人群，色彩的应用也大为不同。例如，儿童刊物尽量使用较为丰富的色彩，以此吸引儿童注意力；而专业性较强的书籍则更多使用蓝色及褐色或纯度较低的颜色，以此来凸显权威感。此外，色彩在书籍不同位置的应用会产生不同的效果，进而提升书籍整体的表现力。

- 封面：封面决定了读者对一本书的第一印象，直接影响后续读者对内容思想的理解。因此需要注重利用色彩表现书籍的有关信息，同时要注意书籍的内涵和表现力，使封面富有美感，与整体保持统一。
- 书脊：读者通常会通过阅读书脊信息了解整本书，从而影响后续是否会购买书籍。因此，书脊的色彩需要注重使用纯度较高、对比度较强的颜色，在不影响读者接收信息的前提下，最大限度地吸引读者视线，传递书籍信息。值得注意的是，书脊的色彩需要与封面的色彩协调，保证整体色彩较为一致。
- 扉页：扉页是封面之后的第一页或第二页。扉页的内容与书脊大致相同，主要是书名、作者、出版社等，是封面与正文之间的过渡信息。扉页的色彩一般与封面类似，起到强调、延续封面信息的作用；或是使用视觉冲击力较弱的色彩，突出文字内容，引导读者对后续内容进行阅读。
- 内容：在内容部分中，色彩的应用取决于主题，用于区分不同章节，表现内容主题，并提升书籍整体的表现力。同时，要注意把握整体的色彩调性，同书籍总体调性协调一致。
- 插图：插图的运用有利于补充文字内容，图文结合，便于读者更加了解信息，并减轻过多文字带来的视觉疲劳。插图中的色彩搭配可以进一步帮助读者理解书籍内容，达到更好的阅读效果。

不同的色彩有不同的色彩属性，给人不同的感觉，要注重根据书籍主题的调性决定色彩的应用，传递书籍的意义和文化内涵，加深读者对书籍的印象，促进与读者的情感交流。

1.3.2 版式

版式设计是书籍装帧设计的重要组成部分，是指在一种既定的开本上，将文字、图像、图形等视觉元素按照一定的形式加以编排，使书籍内文的版面与外部形式协调一致，在便于读者阅读的同时更具视觉美感。

书籍的版式设计可分为骨骼型、对称型、分割型、满版型、曲线型、倾斜型、放射型、三角形、自由型九种构图方式。不同类型的版式设计会表现出书籍不同的风格与特征。

书籍的版式设计包括确立版心、排式、字体、字距与行距、版面率，以及确定文字和插图位置、页眉、页脚与页码及注释等流程。

■ 版心也称版口，是指页面中文字、图像等视觉元素所在的区域，一般在页面的正中心。确定版心之前需要根据书籍的开本及类型确定版心距以及出血的多少。例如，理论性书籍的版心距较大，便于读者在空白处进行书写；而科学技术类书籍出版量较小，读者少，且成本较高，版心距相对就留得小一些。

■ 排式是指正文中字序与行序的排列方式，大多数书籍采用横排的方式，这种方式符合人的视线习惯，便于读者阅读。字序与行序的长度不应过长，当页面中插图等视觉元素较多、版心较宽时，最好排成双栏或多栏。

■ 字体是书籍设计的基本元素，它的任务是使文字能够被阅读，在确定版面的基本排式之后，就要确定字体、字号。书籍中常用的字体包括宋体、仿宋体、黑体、楷体、圆体等，或是进行创意加工后的字体。同一页面上大多使用两种到三种字体，过多字体会干扰读者视线，影响阅读。字号的大小一般与书籍的篇幅和类型有关，例如，诗集的篇幅较小，可以使用较大的字号；有关儿童与老人的书籍也应使用较大的字号，在方便阅读的同时也避免损伤眼睛。

■ 字距与行距是指文字部分字与字之间的空白大小以及两行文字之间的空白大小。一般书籍的字距是文字的五分之一宽度，行距则是文字的二分之一高度，但任何书籍的行距总是大于字距的。

■ 版面率是指文字在版心中占据的比例。版面率越大，书籍中的信息越多，反之则越少。一定程度上版面率反映了设计对象的价位。

■ 版面的设计前提是书籍的开本。根据书籍类目的不同，确定文字、插图等元素的位置与比例大小。

■ 版式设计中，除了以上部分，还有正文中其他设计元素，包括重点标志、段落区分、页码、页眉、标题、页脚、注释等，一般围绕版心或在版心中进行编排。

1.3.3　材质

　　由于书籍的风格、类型、内容、档次的不同，对纸张材质的要求也有所不同。选用过程中要注重材料的实用性与艺术性，适宜的材质可以为读者带来视觉和触觉的双重享受。纸张的轻重、薄厚、纹理、质地都会对书籍的设计造成影响，所以选用纸张时要考虑纸张的强度、平滑度、吸墨性、弹性、含水量等方面。

　　选择纸张需要考虑书籍的类型、印刷效果、价格、读者阅读习惯和环保等方面。根据书籍的主题选择不同的纸张，其纹理、质地会使人产生不同的视觉感受。不同纸张的吸墨性、色彩还原程度存在较大差异，还需考虑纸张的厚度，以免印刷时出现透印、叠印的情况。选择纸张要经济合理，尽量减少成本，在不影响预期设计效果的同时尽量选用价格较低的纸张。选择光度较低的纸张，以免对读者眼睛造成损伤，影响阅读效果。尽量选用再生纸，减少对自然的破坏。选择纸张时还要考虑书籍的视觉效果，即欣赏价值，包括阅读美、视觉美、听觉美、嗅觉美四个方面。

　　书籍的各个部分对材质的要求也有所不同。封面纸张要选择较厚、耐磨性较强的纸；环衬可选用与封面类似的、带有肌理的纸张；扉页要根据书籍整体的风格选择，起到装饰书籍的作用；正文部分的纸张一般根据书籍的类型和成本选择；护封和封套一般是精装书的组成部分，是为了装饰书籍和保护书籍，因此多选用较厚、耐磨性强且带有肌理的纸张。

　　印刷纸张可分为凸版纸、新闻纸、蒙肯纸、胶版纸、铜版纸、画报纸、书面纸、压纹纸、花纹纸、字典纸、打字纸、植物羊皮纸（硫酸纸）、合成纸（聚合物纸和塑料纸）等。

- 凸版纸：主要用于重要著作、科技图书、学术刊物；
- 新闻纸：多用于期刊、连环画；
- 蒙肯纸：多用于印刷中、高档图书及画册；
- 胶版纸：多用于画册、高级书籍封面及插图；
- 铜版纸：多用于印刷画册、封面；
- 画报纸：多用于印刷图册；
- 书面纸：主要用于印刷书籍封面；

- ▥ 压纹纸：一般用于装饰封面；
- ▥ 花纹纸：多是起到装饰作用；
- ▥ 字典纸：是一种薄型书刊用纸，多用于印刷字典、经典书籍；
- ▥ 打字纸：多用于书籍隔页；
- ▥ 植物羊皮纸（硫酸纸）：常用于书籍环衬、扉页；
- ▥ 合成纸（聚合物纸和塑料纸）：多用于高档书刊、画册。

　　个别精装书的封面外还会包裹丝织品、人造皮革和木制品等，以此来装饰、保护书籍。

　　书籍材质的选择要符合读者的审美风格和时代特色，展现出书籍的风格与美感，为读者带来感官上的享受。

1.3.4　装帧形式

现代书籍的装帧形式主要分为简装（平装）和精装两大类。平装书根据工艺技术的不同可分为铁丝订平装、缝纫订平装、胶粘平装和锁线平装等；根据订合形式的不同分为骑马订、平订、锁线订、无线胶订、活页订、册页订等。精装书从材质上看，分为纸面精装、全织物精装、半精装、豪华本和特装本。从装订形式上看，分为柔背装、硬背装、腔背装、带槽圆脊本、无槽圆脊本、带槽方脊本、无槽方脊本、活页订、铆钉订和结绳订。

平装书的生产和印刷工艺较为简单，成本低廉，常用于一般的书籍与杂志，适于大规模的印刷和生产。平装书一般采用纸质封面，不适合保存，因此收藏价值较低。精装书的工艺要求较高，硬质封面（一般为硬纸、皮革、织物、塑料等）可以很好地保护内页，相对简装书更为坚固美观，易于保存，收藏价值更高。

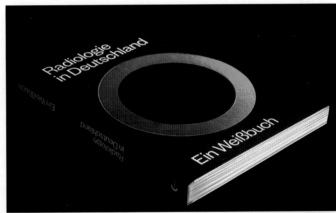

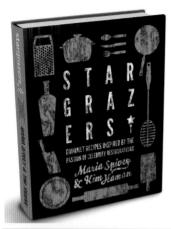

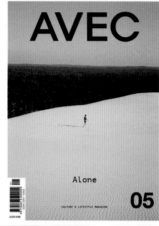

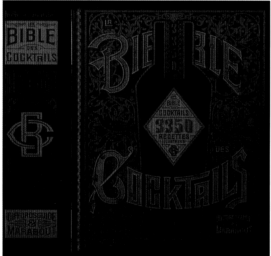

2

第2章

认识色彩

在书籍装帧设计中，色彩是最能让读者产生情感波动的设计元素，也是信息传递的主要途径。色彩具有非常强大的视觉感知能力和情感表达优势，色彩的搭配决定了书籍给人的印象，并以它独特的魅力诠释书籍的意义和文化内涵。

色相是指颜色的基本相貌，它是色彩的首要特性，是区分不同色彩的标准。

■ 色相是各类颜色的相貌。

■ 基本色相：红、橙、黄、绿、青、蓝、紫。

■ 加入三原色组成的中间色分为24个色相。

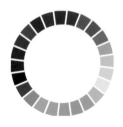

这是一本杂志的内页，版面以橙色作为主色调，背景大面积的橙色纯度较高，再搭配白色和浅褐色，整体给人温暖、舒适的感受。文字部分采用白色背景，便于读者阅读。

CMYK: 4,68,73,0　　　CMYK: 0,0,0,0
CMYK: 33,35,35,0　　 CMYK: 49,39,35,0

该内页以蓝色作为主色调，搭配白色，整体给人一种安宁、清静的感觉；并且运用少量黄色对版面进行点缀，让画面氛围更加轻松。

CMYK: 73,32,4,0　　　CMYK: 0,0,0,0
CMYK: 9,10,50,0　　　CMYK: 53,91,99,36

　　明度是指色彩的明亮程度，可以是不同种类颜色的明度变化，也可以是同一种颜色的明暗变化。

■　明度越高，色彩越浓、越亮。明度越低，色彩越深、越暗。

■　无彩色中，明度最高的色彩是白色，明度最低的色彩是黑色，中间则为灰色。

■　有彩色中，越接近白色者明度越高，越接近黑色者明度越低。

■　依明度高低顺序排列各色相，则为黄、橙、绿、红、蓝、紫。

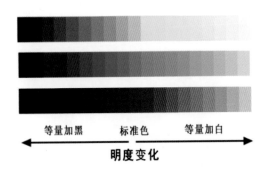

等量加黑　　标准色　　等量加白

明度变化

　　该版面为高明度色彩基调，以白色为主色，搭配灰色，整体配色给人一种简约、安宁的感觉。

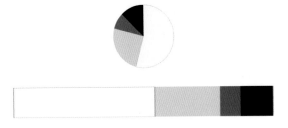

CMYK: 2,2,0,0　　　　　　　CMYK: 11,11,13,0
CMYK: 53,50,50,0　　　　　　CMYK: 91,86,86,77

　　这是一本地理杂志的内页，版面为中明度色彩基调，棕色的背景色彩朴素、稳重，与自然的气息相吻合，通过地形变化来丰富版面的色彩和视觉层次。

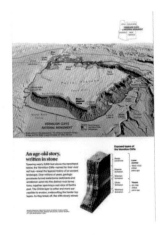

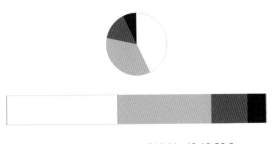

CMYK: 0,0,0,0　　　　　　　CMYK: 13,18,30,0
CMYK: 29,57,69,0　　　　　　CMYK: 50,79,65,9

该杂志内页为低明度色彩基调，以深蓝色为主色调，整体色彩感觉深邃、稳重。为了让产品信息突出，将顶部和底部的色彩加深，通过明暗对比突出中心焦点区域。

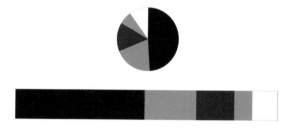

CMYK: 84,81,54,23　　　　CMYK: 7,43,51,0
CMYK: 13,98,100,0　　　　CMYK: 6,40,91,0
CMYK: 0,0,0,0

纯度是指色彩的鲜艳程度，也称为"色彩的饱和度"；是指有色成分在色彩中所占的比例，比例越大色彩纯度越高，比例越小则色彩纯度越低。

■ 高纯度的颜色会使人产生强烈、鲜明、生动的感觉。
■ 中纯度的颜色会使人产生适当、柔和、平静的感觉。
■ 低纯度的颜色会使人产生细腻、雅致、朦胧的感觉。

高纯度　　　　中纯度　　　　低纯度

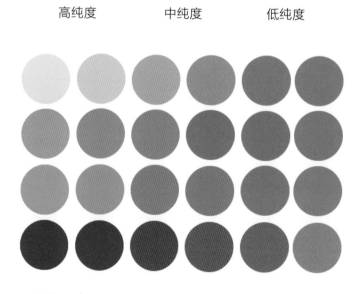

　　该杂志内页采用高纯度的配色方案，以高纯度的橙色作为主色调，通过灯光的照射使画面更加夺目。版面整体给人广阔、华丽的视觉感受。

CMYK: 0,0,0,0　　　　　　　CMYK: 7,12,72,0
CMYK: 17,76,100,0　　　　　CMYK: 30,100,100,0

　　该杂志版面采用中纯度的配色方案，画面中所用到的蓝色和棕色颜色纯度都不高，给人一种安静、放松的感觉。

CMYK: 49,15,13,0　　　　　CMYK: 25,23,24,0
CMYK: 0,0,0,0　　　　　　　CMYK: 17,81,86,0

　　这是一本杂志的内页设计，采用了低纯度的配色方案。版面中整体色彩纯度较低，对比较弱，给人以温和、含蓄的视觉感受。

CMYK: 33,31,31,0　　　　　CMYK: 64,58,50,2
CMYK: 5,9,13,0　　　　　　　CMYK: 11,26,62,0

2.2 主色、辅助色、点缀色

一幅画面中的色彩主要包括主色、辅助色、点缀色。主色、辅助色、点缀色所占面积不同，产生的视觉情感、视觉重心也会不同。

2.2.1 主色

主色通常以较大面积覆盖于整个书籍版面。主色决定版面的色调基础、作品想要表达的主题以及读者对整本书的印象。同时，版面中的辅助色与点缀色要围绕主体色调进行选择搭配，只有在辅助色与点缀色的衬托下，才能让整个版面设计完整、全面、协调。

这是一本动物杂志的内页，以绿色作为主色调，高纯度的绿色给人以自然、安全的视觉体验，搭配蓝色与紫色的包装，给人一种健康、天然的感觉，非常切合产品主题。

CMYK: 78,34,82,0
CMYK: 62,47,38,0
CMYK: 62,61,72,13
CMYK: 68,18,16,0
CMYK: 85,84,39,3

推荐配色方案

CMYK: 86,75,11,0 CMYK: 79,76,0,0
CMYK: 51,25,13,0 CMYK: 78,27,41,0

CMYK: 91,76,0,0   CMYK: 78,27,41,0
CMYK: 0,0,0,0   CMYK: 72,76,0,0

该杂志内页以蓝色为主色调，高纯度的蓝色给人以沉静、理智的感觉，版面通过黄色与绿色的辅助增强了活跃感。

CMYK：51,28,0,0
CMYK：75,35,83,0
CMYK：5,27,87,0
CMYK：0,0,0,0
CMYK：83,78,77,61

推荐配色方案

CMYK：86,75,11,0　　CMYK：51,25,13,0
CMYK：67,13,25,0　　CMYK：64,0,96,0

CMYK：86,75,11,0　　CMYK：67,13,25,0
CMYK：0,0,0,0　　　　CMYK：12,5,81,0

该杂志内页以绿色作为主色调，与白色进行搭配，整体给人以清新、自然、舒适的感受。

CMYK：0,0,0,0
CMYK：80,52,96,16
CMYK：24,5,62,0
CMYK：75,31,49,0
CMYK：73,77,82,56

推荐配色方案

CMYK：90,54,100,26　　CMYK：60,6,100,0
CMYK：67,13,25,0　　　CMYK：31,0,37,0

CMYK：73,4,50,0　　　CMYK：31,0,37,0
CMYK：60,6,100,0　　　CMYK：58,66,100,22

2.2.2　辅助色

辅助色的作用是辅助主色建立完整的版面形象，衬托主色与提升点缀色。辅助色占据的版面比例较小，面积少于主色且色调相对暗淡，这样进行的组合搭配才能让版面产生较好的视觉效果。

这是一本有关室内设计的杂志内页，版面以蓝色作为主色调，以白色作为版面的辅助色，版面整体给人以宁静、舒适、整洁的感觉。

CMYK：64,39,33,0
CMYK：4,3,3,0
CMYK：91,84,56,29
CMYK：20,13,15,0

推荐配色方案

CMYK：51,25,13,0　　CMYK：100,87,26,0
CMYK：38,24,26,0　　CMYK：68,2,12,0

CMYK：100,87,26,0　　CMYK：68,2,12,0
CMYK：0,0,0,0　　　　CMYK：41,0,12,0

该杂志版面上半部分以绿色作为主色调，以棕色作为辅助色，整体给人以和谐、自然的感觉。在该版面中，棕色具有增强画面稳定性、丰富画面视觉层次的作用。

CMYK：11,3,8,0
CMYK：45,61,69,2
CMYK：60,1,56,0
CMYK：82,80,85,68

推荐配色方案

CMYK：22,0,37,0　　CMYK：79,31,75,0
CMYK：61,75,100,40　　CMYK：50,18,90,0

CMYK：85,41,98,3　　CMYK：23,0,27,0
CMYK：45,4,93,0　　　CMYK：10,24,77,0

2.2.3　点缀色

　　点缀色在书籍装帧设计中可以起到丰富版面细节、增强艺术感、引导阅读的作用，通常在整个版面中占据很少一部分。点缀色一般较为鲜艳、醒目，能够使版面更加活跃，增强整体艺术感，丰富版面内涵。

　　该杂志内页整体颜色纯度较高，给人以稳定、亲近的视觉感受。版面以绿色作为点缀色，能够瞬间吸引读者的注意力，起到增强版面活跃度的效果。

CMYK：51,94,100,29
CMYK：56,11,84,0
CMYK：84,56,100,29
CMYK：7,4,0,0

推荐配色方案

CMYK：60,70,89,28　CMYK：89,51,100,19
CMYK：54,0,86,0　　CMYK：79,30,33,0

CMYK：84,49,89,11　CMYK：67,13,25,0
CMYK：0,0,0,0　　　CMYK：7,65,84,0

　　该杂志内页文字较多，若只采用白色作为主色，紫色作为辅助色，整体色彩会显得单调、乏味。但加上橙黄色后，紫色与黄色作为对比色，对比鲜明，增强了画面的视觉冲击力，为画面注入了活力。

CMYK：0,0,0,0
CMYK：23,38,12,0
CMYK：58,100,29,0
CMYK：5,27,90,0

推荐配色方案

CMYK：52,79,0,0　CMYK：20,40,0,0
CMYK：0,0,0,0　　CMYK：11,17,89,0

CMYK：78,75,0,0　CMYK：11,17,89,0
CMYK：0,0,0,0　　CMYK：16,21,10,0

　　该版面以金色搭配灰色，整体色彩沉稳、经典、优雅。青色作为点缀色，使画面层次感增强，可以让版面更加饱满。

CMYK：7,7,8,0
CMYK：13,36,59,0
CMYK：31,16,18,0
CMYK：56,3,22,0

CMYK：56,3,22,0　　CMYK：31,16,18,0
CMYK：7,7,8,0　　　CMYK：13,36,59,0

CMYK：60,25,17,0　　CMYK：16,14,13,0
CMYK：16,53,55,0　　CMYK：86,82,82,70

　　该封面以墨绿色作为主色调，以黄色作为点缀色，二者属于对比色，搭配在一起给人明快、鲜明、兴奋的感受，能起到吸引读者注意力的作用，可以更好地传递信息。

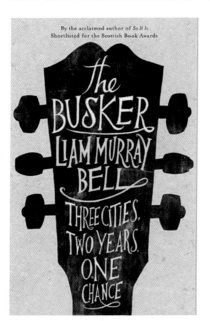

CMYK：13,14,20,0
CMYK：96,76,60,29
CMYK：2,0,0,0
CMYK：13,0,79,0

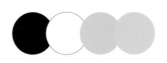

CMYK：96,76,60,29　　CMYK：2,0,0,0
CMYK：13,14,20,0　　　CMYK：13,0,79,0

CMYK：91,63,51,8　　CMYK：11,26,25,0
CMYK：3,73,88,0　　　CMYK：86,82,82,70

2.3　色相对比

色相对比是指色相环上任意两种或多种颜色放置在同一版面中，由于色相的差别而形成的色彩对比效果。常见的色相对比有五种类型：同类色对比、邻近色对比、类似色对比、对比色对比、互补色对比。

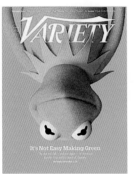   

2.3.1　同类色对比

同类色对比是指在色相环上15°夹角内的两种或多种同一色相的色彩搭配在一起时，因其明度的不同所形成的对比现象。它的色相对比效果稍弱，通常给人以统一、和谐、含蓄的感受，同时也易使人产生单调、呆板的消极感受。

这是一本自然杂志的内页，以蓝色作为主色调，给人稳重、广阔的视觉感受，搭配白色，整体十分开阔、清凉，非常贴合版面主体动物生存的环境空间。

CMYK：95,92,29,0
CMYK：78,33,7,0
CMYK：24,15,13,0
CMYK：86,76,67,45
CMYK：6,4,0,0

推荐配色方案

CMYK：95,92,29,0　　CMYK：24,15,13,0
CMYK，78,33,7,0　　CMYK：86,76,67,45

CMYK：53,3,4,0　　　CMYK：86,76,67,45
CMYK：0,0,0,0　　　　CMYK：7,39,12,0

这是有关室内设计的杂志内页，该版面以橙色为主色调，橙黄色通常给人温暖、欢快、活跃的感觉，与家居装修想要给人以居家的幸福感的理念相一致。通过明度的变化营造了版面的层次感与空间感。

CMYK：9,25,79,0
CMYK：3,50,79,0
CMYK：0,0,0,0
CMYK：54,81,78,24

推荐配色方案

CMYK：54,81,78,24 CMYK：9,25,79,0
CMYK：7,69,75,0 CMYK：6,13,36,0

CMYK：12,26,71,0 CMYK：5,52,71,0
CMYK：7,12,27,0 CMYK：25,19,24,0

该杂志版面以蓝色作为主色调，运用两种不同明度的蓝色进行搭配，整体统一又大气美观，给人一种理智、稳定、和谐的感受。

CMYK：75,24,2,0
CMYK：20,2,1,0
CMYK：71,49,36,0
CMYK：0,0,0,0
CMYK：93,88,89,80

推荐配色方案

CMYK：75,24,2,0 CMYK：20,2,1,0
CMYK：71,49,36,0 CMYK：93,88,79,72

CMYK：86,58,0,0 CMYK：20,2,1,0
CMYK：64,10,8,0 CMYK：93,88,79,72

2.3.2　邻近色对比

邻近色对比是指在色相环上距离30°的色相相近的两色因差异而形成的对比。邻近色的色相近似，冷暖性质一致，色调统一和谐，属于弱对比类型，整体给人和谐统一的感受，同时也易给人单调、无趣的印象，因此要注意增强色彩的明度差异来增强视觉效果。

这是一本杂志的内页设计，以青色作为版面的主色调，以蓝色作为版面的辅助色，这两种颜色为邻近色，整体给人一种清凉、冷静的感觉。

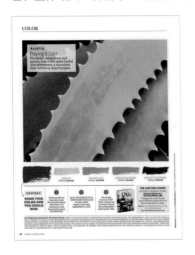

CMYK: 0,0,0,0
CMYK: 60,0,49,0
CMYK: 64,9,15,0
CMYK: 83,56,18,0
CMYK: 16,12,37,0

推荐配色方案

CMYK: 16,12,37,0　　CMYK: 60,0,49,0
CMYK: 64,9,15,0　　CMYK: 83,56,18,0

CMYK: 56,3,15,0　　CMYK: 79,42,32,0
CMYK: 52,0,31,0　　CMYK: 52,12,82,0

该杂志内页以深青色作为主色调，以蓝色作为辅助色，整体色彩十分清爽，给人和睦、平静的感觉。邻近色的搭配不仅让版面显得和谐，还可以丰富画面视觉层次，增强了版面的层次感，使版面更加饱满。

CMYK: 93,65,53,11
CMYK: 72,17,1,0
CMYK: 62,18,14,0
CMYK: 62,59,65,9
CMYK: 20,11,77,0

推荐配色方案

CMYK: 20,11,77,0　　CMYK: 93,65,53,11
CMYK: 72,17,1,0　　CMYK: 62,59,65,9

CMYK: 93,65,53,11　　CMYK: 47,0,7,0
CMYK: 41,0,26,0　　CMYK: 30,8,76,0

2.3.3　类似色对比

　　类似色对比是指在色相环上夹角为60°左右的相邻或相近的色彩之间的对比。类似色对比的视觉效果比较协调、和谐、雅致。类似色在使用时需要注意色彩的明度和纯度的变化。

　　这是汽车杂志的内页，版面采用了类似色对比的配色方法，黄绿色与青色的搭配给人以阳光、和谐的视觉感受，能使画面更加活跃，给人以想象的空间。

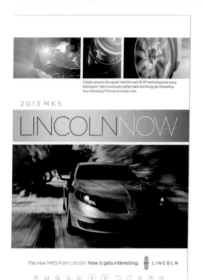

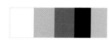

CMYK: 0,0,0,0
CMYK: 18,15,33,0
CMYK: 69,43,47,0
CMYK: 88,80,77,64
CMYK: 21,6,63,0

推荐配色方案

CMYK: 88,80,77,64　　CMYK: 69,43,47,0
CMYK: 21,6,63,0　　　CMYK: 18,15,33,0

CMYK: 73,4,50,0　　　CMYK: 31,0,37,0
CMYK: 60,6,100,0　　 CMYK: 58,66,100,22

　　该杂志内页的图形部分以蓝色与青绿色进行搭配，让图像形成颜色对比，为整个版面注入了活力，增强了版面的视觉吸引力，帮助读者更好地阅读文字信息。

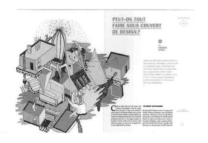

CMYK: 2,4,7,0
CMYK: 29,4,29,0
CMYK: 60,4,56,0
CMYK: 47,29,9,0
CMYK: 88,73,32,0

推荐配色方案

CMYK: 88,73,32,0　　CMYK: 47,29,9,0
CMYK: 60,4,56,0　　　CMYK: 29,4,29,0

CMYK: 85,62,43,2　　CMYK: 72,32,71,0
CMYK: 25,6,35,0　　　CMYK: 44,23,0,0

这是一本杂志的封面，该封面以橙色搭配红色，整体色彩活跃、轻快、积极、热烈，给人一种温暖、兴奋、欢欣的感受，视觉吸引力较强。

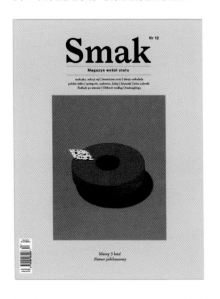

CMYK：3,18,22,0
CMYK：16,63,77,0
CMYK：23,93,72,0
CMYK：77,78,96,65

推荐配色方案

CMYK：77,78,96,65　　CMYK：3,18,22,0
CMYK：23,93,72,0　　CMYK：16,63,77,0

CMYK：28,31,43,0　　CMYK：7,2,36,0
CMYK：17,71,83,0　　CMYK：58,86,95,45

该内页的版面以粉色作为主色调，以蓝紫色作为辅助色，搭配在一起可以给人优雅、浪漫、温柔的视觉感受，还可以增强版面的层次感和美感，使版面更加饱满。

CMYK：15,15,11,0
CMYK：30,78,16,0
CMYK：60,62,12,0

推荐配色方案

CMYK：60,62,12,0　　CMYK：30,78,16,0
CMYK：15,15,11,0　　CMYK：47,22,0,0

CMYK：12,68,0,0　　CMYK：5,14,5,0
CMYK：37,40,0,0　　CMYK：80,76,73,51

2.3.4 对比色对比

对比色对比是指在色相环上夹角为120°左右的两种色彩之间的对比。这种对比视觉冲击力强，能给人兴奋、明快、突出、醒目的感受，但也容易给人混乱、烦躁、不安的印象。所以，在使用对比色对比进行色彩搭配时，需适当运用无彩色（黑、白、灰）或同类色进行调和搭配，以改善其视觉效果。

这是一款室内设计的杂志内页，版面整体颜色纯度较高，给人一种明快、刺激的视觉感受。整体以黄色与蓝色进行搭配，颜色对比较为强烈，可以更快速地吸引读者的视线，将信息传递给读者，同时这种颜色搭配让房间更加明亮温馨，符合杂志的主题。

CMYK：27,20,73,0
CMYK：67,18,12,0
CMYK：14,9,4,0
CMYK：60,76,85,36

推荐配色方案

CMYK：14,4,68,0   CMYK：56,4,8,0
CMYK：14,9,4,0   CMYK：60,76,85,36

CMYK：14,7,85,0   CMYK：44,46,0,0
CMYK：35,3,9,0   CMYK：79,59,30,0

这是一本图书的封面设计，该封面采用对比色对比的配色方法，用深蓝色搭配绿色，既平稳、理智，又富有生机活力，让书籍变得极具视觉吸引力与动感。

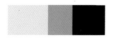

CMYK：13,6,2,0
CMYK：66,0,100,0
CMYK：96,98,20,0

推荐配色方案

CMYK：96,98,20,0   CMYK：66,0,100,0
CMYK：13,6,2,0   CMYK：11,73,93,0

CMYK：79,81,0,0   CMYK：27,14,7,0
CMYK：69,29,100,0   CMYK：25,41,68,0

　　这是一本食物杂志的内页，该版面图像部分以橙色作为主色，以绿色、红色作为辅助色，橙色与绿色的搭配对比强烈，给人以轻快、活泼、温暖的视觉感受，可以起到刺激食欲的作用。同时，增强了版面的视觉刺激性，使读者对文字信息部分产生阅读的兴趣。

CMYK: 0,0,0,0
CMYK: 3,56,84,0
CMYK: 75,44,100,4
CMYK: 20,91,93,0
CMYK: 93,88,89,80

推荐配色方案

CMYK: 93,88,89,80　CMYK: 20,91,93,0
CMYK: 64,11,93,0　CMYK: 3,56,84,0

CMYK: 7,47,92,0　CMYK: 0,0,0,0
CMYK: 44,0,65,0　CMYK: 0,89,89,0

　　该版面以青色和紫色进行搭配，两种颜色一冷一暖，视觉冲击力强，搭配在一起能够给人以活力、优雅的视觉感受，增强了版面的设计感。

CMYK: 75,99,46,11
CMYK: 35,11,17,0
CMYK: 55,100,56,11
CMYK: 0,0,0,0
CMYK: 23,11,27,0

推荐配色方案

CMYK: 75,99,46,11　CMYK: 57,7,24,0
CMYK: 23,11,27,0　CMYK: 34,86,25,0

CMYK: 60,93,0,0　CMYK: 16,14,13,0
CMYK: 14,4,68,0　CMYK: 4,53,0,0

2.3.5 互补色对比

互补色对比是指色相环上距离180°左右相对应的两种颜色的对比。这种色彩对比，对比效果强烈，视觉冲击力强。红与绿、蓝与橙、黄与紫都是互补色对比。运用互补色对比进行搭配组合时往往会使人产生震撼的视觉效果，但也易给人造成不安定、焦躁、混乱的负面印象。

这是一本食物杂志的内页设计，版面中使用了红色与浅青绿色这两个互补色，画面整体颜色纯度较高，给人一种鲜活、刺激的视觉感受，使食物极具视觉吸引力，也可以使读者产生阅读的兴趣。

CMYK: 0,0,0,0
CMYK: 7,95,82,0
CMYK: 56,0,24,0
CMYK: 91,88,87,79

推荐配色方案

CMYK: 91,88,87,79   CMYK: 0,0,0,0
CMYK: 7,95,82,0   CMYK: 56,0,24,0

CMYK: 67,10,45,0   CMYK: 31,0,37,0
CMYK: 15,11,12,0   CMYK: 7,92,51,0

该版面中黄色茶几与紫色窗帘形成对比的效果，鲜艳醒目，黄色的明快、活力与紫色的优雅、沉静巧妙地搭配在一起，使画面更加大气、端庄，给人以经典、优雅的视觉感受。

CMYK: 19,16,22,0
CMYK: 18,7,87,0
CMYK: 63,84,0,0
CMYK: 0,0,0,0
CMYK: 47,69,98,8

推荐配色方案

CMYK: 63,84,0,0   CMYK: 18,7,87,0
CMYK: 0,0,0,0   CMYK: 23,28,31,0

CMYK: 42,83,0,0   CMYK: 24,17,19,0
CMYK: 16,13,89,0   CMYK: 80,74,72,48

这本杂志封面采用红色搭配绿色，两种颜色反差强烈，使整个版面色彩醒目鲜活。红色与绿色的搭配不仅视觉冲击力强，而且减少了版面无彩色（黑、灰、白）较多带来的乏味的感觉，使版面所营造的气氛更为活跃。

CMYK: 0,0,0,0
CMYK: 81,22,94,0
CMYK: 36,100,100,2
CMYK: 92,87,88,79
CMYK: 35,29,29,0

推荐配色方案

CMYK: 92,87,88,79   CMYK: 35,29,29,0
CMYK: 36,100,100,2   CMYK: 81,22,94,0

CMYK: 72,1,99,0   CMYK: 79,59,86,29
CMYK: 5,97,88,0   CMYK: 18,8,20,0

该版面以紫色作为主色调，以绿色作为辅助色，两种颜色是互补色关系，搭配在一起时能给人以醒目、鲜明的视觉感受，使版面的视觉吸引力更强。

CMYK: 0,0,0,0
CMYK: 67,94,51,14
CMYK: 55,24,76,0
CMYK: 82,77,75,56

推荐配色方案

CMYK: 67,94,51,14   CMYK: 60,6,100,0
CMYK: 0,0,0,0   CMYK: 82,77,75,56

CMYK: 18,5,25,0   CMYK: 42,93,7,0
CMYK: 57,0,80,0   CMYK: 100,100,60,23

2.4 色彩的距离

色彩的距离是指色彩可以使人对版面视觉元素产生进退、凹凸、远近的视觉感受。色彩的距离感与物体的色相、明度有关，色相是影响距离感的主要因素，其次是纯度和明度。一般暖色和高明度的色彩具有前进、凸出、接近的效果；而冷色和低明度的色彩则有后退、凹进、远离的效果。在书籍版面设计中设计师常利用色彩的距离这一特点来提高版面的设计感。

这是一本有关家居的杂志内页，版面以白色作为背景色，搭配黄色、绿色、棕色，给人以鲜活、夺目、温馨、干净的视觉感受，切合温馨、和谐的主题。

CMYK: 0,1,0,0
CMYK: 10,0,61,0
CMYK: 50,17,73,0
CMYK: 64,64,80,22

推荐配色方案

CMYK: 64,64,80,22　　CMYK: 10,0,61,0
CMYK: 50,17,73,0　　CMYK: 0,0,0,0

CMYK: 7,18,42,0　　CMYK: 86,76,67,45
CMYK: 0,0,0,0　　CMYK: 68,42,97,2

在这个内页版面中，用粉色搭配白色，白色作为明度最高的颜色，它能够最先映入眼帘，在一瞬间将文字信息传递给读者，达到更好的阅读效果。

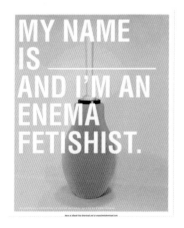

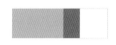

CMYK: 4,29,18,0
CMYK: 22,54,35,0
CMYK: 2,0,0,0

推荐配色方案

CMYK: 22,54,35,0　　CMYK: 4,29,18,0
CMYK: 0,0,0,0　　CMYK: 82,78,77,59

CMYK: 41,55,40,0　　CMYK: 1,75,20,0
CMYK: 14,11,12,0　　CMYK: 4,29,18,0

　　该海报采用低明度的配色方案，以黑色作为背景色，黑色属于后退色，在视觉上给人的距离较远；而画面中的黄色、橙色与白色明度较高，属于前进色。二者搭配在一起，文字与图像就会显得格外突出，可以方便读者更好地阅读文字信息。

CMYK: 93,88,79,72
CMYK: 0,0,0,0
CMYK: 9,11,88,0
CMYK: 4,56,92,0

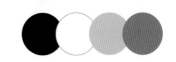

CMYK: 93,88,79,72　　CMYK: 0,0,0,0
CMYK: 9,11,88,0　　CMYK: 4,56,92,0

CMYK: 9,8,41,0　　CMYK: 20,41,48,0
CMYK: 48,91,100,21　　CMYK: 4,4,9,0

　　该内页版面以深紫色作为背景，给人的视觉感受比较远。前景的白色文字在深紫色背景的衬托下，显得更加突出醒目，文字信息一目了然。

CMYK: 86,79,24,0　　CMYK: 20,11,10,0
CMYK: 0,0,0,0　　CMYK: 30,95,100,0

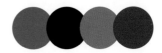

CMYK: 82,41,25,0　　CMYK: 86,76,67,45
CMYK: 58,42,0,0　　CMYK: 0,95,49,0

CMYK: 86,79,24,0
CMYK: 30,95,100,0
CMYK: 2,1,1,0

2.5　色彩的面积

色彩的面积是指在同一画面中各个颜色占据版面的面积大小，它会影响读者对色彩的感受和情感反应。书籍的版面设计需要合理配置色彩的面积，这样不仅可以增强版面的视觉效果，还可以更好地将信息传递给读者，使读者快速建立起对一本书的印象。因此，在书籍的版面设计中，可以通过调整色彩的面积大小来达到平衡画面和增强视觉效果的目的。

该杂志版面以蓝色作为主色调，背景大面积的蓝色天空与河流给人以清凉、壮阔的视觉感受，与地理杂志的主题十分切合。

CMYK：86,75,11,0
CMYK：51,25,13,0
CMYK：9,72,82,0
CMYK：21,24,88,0

推荐配色方案

CMYK：86,75,11,0　　CMYK：51,25,13,0
CMYK：9,72,82,0　　CMYK：21,24,88,0

CMYK：92,69,27,0　　CMYK：63,6,8,0
CMYK：37,21,0,0　　CMYK：27,85,100,0

该版面中紫色占据大部分面积，紫色给人一种优雅、安定的感觉，搭配黑色，给人以安定、稳重、大气、理性的视觉感受。

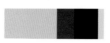

CMYK：12,19,5,0
CMYK：58,100,31,0
CMYK：93,88,88,79
CMYK：9,0,85,0

推荐配色方案

CMYK：93,88,88,79　　CMYK：12,19,5,0
CMYK：58,100,31,0　　CMYK：9,0,85,0

CMYK：36,93,0,0　　CMYK：19,98,57,0
CMYK：0,0,0,0　　CMYK：7,28,42,0

在该版面中，浅绿色占据了大部分版面，再搭配棕黄色，整体给人一种温馨、幸福、充满希望的感觉，色彩搭配切合主题。

CMYK: 0,0,0,0
CMYK: 40,9,26,0
CMYK: 24,54,91,0
CMYK: 9,19,17,0

推荐配色方案

CMYK: 9,19,17,0   CMYK: 0,0,0,0
CMYK: 5,51,85,0   CMYK: 41,0,25,0

CMYK: 13,14,20,0   CMYK: 86,55,47,2
CMYK: 6,29,40,0   CMYK: 71,32,0,0

该版面以黑色为背景，黑色在版面中所占面积较大，给人一种严肃、沉稳的感觉。整个画面中颜色较少，明度较高的白色和黄色为沉静的氛围增添了活力，深色的背景使文字的可阅读性更强。

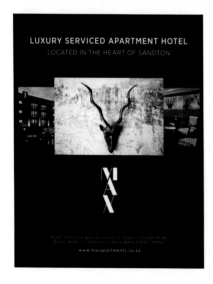

CMYK: 94,84,65,47
CMYK: 4,2,9,0
CMYK: 10,24,77,0
CMYK: 0,0,0,0

推荐配色方案

CMYK: 94,84,65,47   CMYK: 0,0,0,0
CMYK: 13,14,20,0   CMYK: 10,24,77,0

CMYK: 97,79,51,16   CMYK: 43,54,100,1
CMYK: 4,12,21,0   CMYK: 0,96,76,0

2.6 色彩的冷暖

色彩的冷暖是一种色彩感觉，将暖色和冷色放置在一起时形成的差异效果就是冷暖对比。书籍版面中暖色和冷色占据的比例，不仅影响整个版面的视觉效果，还决定了版面的色彩倾向，也就是画面的冷暖色调。所以要掌握好色彩冷暖的对比运用。

该建筑杂志的版面描绘了不同的建筑，以棕色作为主色调，给人以大气、安全、稳固、震撼的视觉感受。以蓝色作为点缀色，在冷暖对比下，蓝色部分显得醒目、突出，降低了画面的色彩温度，营造出平静的氛围。

CMYK: 29,61,84,0
CMYK: 71,46,5,0
CMYK: 40,15,7,0
CMYK: 0,0,0,0

推荐配色方案

CMYK: 71,46,5,0　　CMYK: 40,15,7,0
CMYK: 0,0,0,0　　　CMYK: 29,61,84,0

CMYK: 40,9,15,0　　CMYK: 100,92,20,0
CMYK: 7,12,27,0　　CMYK: 4,29,83,0

该版面大面积地使用了绿色调，宁静、清凉的绿色搭配白色、黄色等高明度的色彩，整体给人以活力、广阔、深邃的视觉感受。

CMYK: 69,2,63,0
CMYK: 95,84,41,5
CMYK: 4,29,83,0
CMYK: 27,74,92,0

推荐配色方案

CMYK: 69,2,63,0　　CMYK: 9,67,75,0
CMYK: 4,29,83,0　　CMYK: 95,84,41,5

CMYK: 5,52,71,0　　CMYK: 9,11,61,0
CMYK: 13,81,90,0　　CMYK: 80,35,42,0

　　该版面以冷色调紫色作为主色，给人优雅、平静的感觉，搭配高明度的白色，给人以和谐、优雅、镇静的视觉感受，视觉吸引力较强。

CMYK：65,58,20,0
CMYK：0,0,0,0
CMYK：2,2,25,0

CMYK：70,100,13,0　　CMYK：0,0,0,0
CMYK：2,2,25,0　　　CMYK：65,58,20,0

CMYK：12,26,71,0　　CMYK：85,84,0,0
CMYK：7,12,27,0　　　CMYK：12,9,9,0

　　在该杂志内页版面中，以青色作为主色调，青色属于冷色调，给人以清凉、机械的视觉印象。搭配低纯度的紫色与暖色调的红色、黄色，在较为低沉、冰冷的氛围中增添了柔和、温暖、活力的色彩。

CMYK：0,0,0,0
CMYK：80,35,42,0
CMYK：18,88,70,0
CMYK：55,52,24,0
CMYK：9,18,56,0

CMYK：55,52,24,0　　CMYK：9,18,56,0
CMYK：18,88,70,0　　CMYK：80,35,42,0

CMYK：71,18,24,0　　CMYK：12,39,73,0
CMYK：0,0,0,0　　　CMYK：9,72,63,0

3

第3章

书籍装帧设计
基础色

书籍装帧的基础色分为红、橙、黄、绿、青、蓝、紫、黑、白、灰。不同的色彩给人的感受也是不同的，有的会让人产生兴奋感，有的会让人感到忧伤，有的会让人感到充满活力，还有的会让人感到神秘莫测。合理地应用和搭配色彩，可以令书籍装帧设计与消费者产生心理互动。

> 色彩是结合生活、生产，经过提炼、夸张，概括出来的。它能使消费者迅速产生共鸣，并且不同的色彩有着不同的启发和暗示。

> 色彩的应用丰富了人们的生活，恰当地使用色彩可以起到美化和装饰作用，是信息传达方式中最有吸引力的方式之一。

> 不同的色彩可以互相调配，让书籍装帧的配色富有变化。对书籍装帧的宣传而言，书籍装帧色彩的应用应重点考虑色相、明度、纯度、面积之间的调和与搭配。

3.1 红色

3.1.1 认识红色

红色： 红色是最引人注目的颜色。提到红色，常让人联想到燃烧的火焰、涌动的血液、诱人的舞会、香甜的草莓等。无论与什么颜色一起搭配，红色都会显得格外抢眼。因其具有超强的表现力，所以抒发的情感较为浓厚，是书籍装帧中常用的颜色之一。

洋红色
RGB=207,0,112
CMYK=24,98,29,0

鲜红色
RGB=216,0,15
CMYK=19,100,100,0

鲑红色
RGB=242,155,135
CMYK=5,51,41,0

威尼斯红色
RGB=200,8,21
CMYK=28,100,100,0

胭脂红色
RGB=215,0,64
CMYK=19,100,69,0

山茶红色
RGB=220,91,111
CMYK=17,77,43,0

壳黄红色
RGB=248,198,181
CMYK=3,31,26,0

宝石红色
RGB=200,8,82
CMYK=28,100,54,0

玫瑰红色
RGB= 30,28,100
CMYK=11,94,40,0

浅玫瑰红色
RGB=238,134,154
CMYK=8,60,24,0

浅粉红色
RGB=252,229,223
CMYK=1,15,11,0

灰玫红色
RGB=194,115,127
CMYK=30,65,39,0

朱红色
RGB=233,71,41
CMYK=9,85,86,0

火鹤红色
RGB=245,178,178
CMYK=4,41,22,0

勃艮第酒红色
RGB=102,25,45
CMYK=56,98,75,37

优品紫红色
RGB=225,152,192
CMYK=14,51,5,0

3.1.2　红色搭配

色彩调性： 甜美、激情、热血、火焰、兴奋、敌对、警示。

常用主题色：

| CMYK: 9,85,86,0 | CMYK: 11,94,40,0 | CMYK: 24,98,29,0 | CMYK: 30,65,39,0 | CMYK: 4,41,22,0 | CMYK: 56,98,75,37 |

常用色彩搭配

| CMYK: 4,41,22,0 | CMYK: 28,100,54,0 | CMYK: 33,31,7,0 | CMYK: 3,82,23,0 |
| CMYK: 1,15,11,0 | CMYK: 30,65,39,0 | CMYK: 3,47,16,0 | CMYK: 7,62,52,0 |

壳黄红搭配浅粉红，色彩纯度都偏低。在进行搭配时既能够呈现层次感，又具有和谐、统一性。

宝石红颜色纯度偏高，具有一定的视觉刺激性。在设计时搭配纯度偏低的灰玫红，具有中和效果。

灰玫红色搭配火鹤红，色彩纯度都较低，使得画面节奏感缓慢，常给人轻松、平和的印象。

同类色配色中勃艮第酒红搭配鲑红，颜色层次分明，效果明显，既能引起观者注意，又不会产生眩目感。

配色速查

沉稳	古典	欢快	古朴

CMYK: 18,96,84,0	CMYK: 47,90,72,11	CMYK: 35,87,53,0	CMYK: 49,100,100,26
CMYK: 43,84,87,8	CMYK: 44,97,92,12	CMYK: 6,57,13,0	CMYK: 19,45,62,0
CMYK: 94,67,69,35	CMYK: 21,64,92,0	CMYK: 20,90,67,0	CMYK: 25,47,39,0
CMYK: 47,10,27,0	CMYK: 5,54,25,0	CMYK: 6,10,25,0	CMYK: 60,67,70,17

这是介绍图标的书籍封面设计。将封面划分为大小相同的区域作为图像呈现范围，具有很强的视觉统一性。而且在不同图像的变换中，让封面构图更加饱满。

- 封面以红色为主，会给人热情积极的视觉感受。而且少量橙色、黄色的运用，让这种氛围更加浓厚。
- 少量深色的运用，很好地中和了色彩的跳跃感，增强了视觉稳定性。

CMYK: 47,38,35,0
CMYK: 5,18,94,0

CMYK: 16,94,100,0
CMYK: 89,74,1,0

推荐色彩搭配

C: 0	C: 13	C: 88	C: 60
M: 97	M: 33	M: 88	M: 32
Y: 100	Y: 76	Y: 89	Y: 8
K: 0	K: 0	K: 78	K: 0

C: 93	C: 69	C: 0	C: 40
M: 88	M: 60	M: 100	M: 0
Y: 89	Y: 75	Y: 100	Y: 85
K: 80	K: 19	K: 0	K: 0

C: 58	C: 1	C: 44	C: 7
M: 49	M: 93	M: 41	M: 49
Y: 44	Y: 100	Y: 75	Y: 96
K: 0	K: 0	K: 0	K: 0

这是一本图书的装帧设计。采用放射型的构图方式，以一个不规则的四边形作为放射起始点，由内而外逐渐扩大，具有很强的视觉动感与立体层次感。

CMYK: 0,99,97,0
CMYK: 93,89,87,79

CMYK: 13,100,100,0

- 封面整体以白为主，黑色的运用则在经典的色彩搭配中增强了整体的视觉稳定性。
- 少量红色的点缀，为封面增添了一抹亮丽的色彩，十分引人注目。

以一个白色矩形作为文字呈现载体，具有很强的视觉聚拢感，同时也为读者阅读提供了便利。

推荐色彩搭配

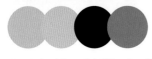

C: 0	C: 20	C: 100	C: 100
M: 28	M: 16	M: 94	M: 20
Y: 18	Y: 15	Y: 67	Y: 11
K: 0	K: 0	K: 55	K: 0

C: 47	C: 0	C: 0	C: 55
M: 100	M: 43	M: 73	M: 62
Y: 92	Y: 19	Y: 78	Y: 5
K: 20	K: 0	K: 0	K: 0

C: 64	C: 0	C: 57	C: 69
M: 0	M: 100	M: 7	M: 60
Y: 47	Y: 100	Y: 54	Y: 75
K: 0	K: 0	K: 0	K: 19

3.2.1　认识橙色

橙色：橙色兼具红色的热情和黄色的开朗，常能让人联想到丰收的季节、温暖的太阳以及成熟的橙子，是繁荣与骄傲的象征。但它同红色一样，不宜使用过多，对神经紧张和易怒的人来讲，橙色易使他们产生烦躁感，在书籍装帧设计中并不是一种广泛使用的颜色。

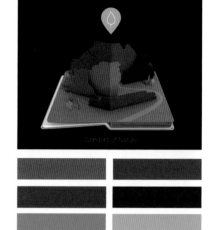

橘色
RGB=235,97,3
CMYK=9,75,98,0

橘红色
RGB=238,114,0
CMYK=7,68,97,0

米色
RGB=228,204,169
CMYK=14,23,36,0

蜂蜜色
RGB= 250,194,112
CMYK=4,31,60,0

柿子橙色
RGB=237,108,61
CMYK=7,71,75,0

热带橙色
RGB=242,142,56
CMYK=6,56,80,0

驼色
RGB=181,133,84
CMYK=37,53,71,0

沙棕色
RGB=244,164,96
CMYK=5,46,64,0

橙色
RGB=235,85,32
CMYK=8,80,90,0

橙黄色
RGB=255,165,1
CMYK=0,46,91,0

琥珀色
RGB=203,106,37
CMYK=26,69,93,0

巧克力色
RGB=85,37,0
CMYK=60,84,100,49

阳橙色
RGB=242,141,0
CMYK=6,56,94,0

杏黄色
RGB=229,169,107
CMYK=14,41,60,0

咖啡色
RGB=106,75,32
CMYK=59,69,98,28

重褐色
RGB=139,69,19
CMYK=49,79,100,18

3.2.2 橙色搭配

色彩调性： 活跃、兴奋、温暖、富丽、辉煌、炽热、消沉、烦闷。

常用主题色：

CMYK: 0,46,91,0　　CMYK: 7,71,75,0　　CMYK: 5,46,64,0　　CMYK: 26,69,93,0　　CMYK: 9,75,98,0　　CMYK: 49,79,100,18

常用色彩搭配

CMYK: 26,69,93,0　　CMYK: 6,56,80,0　　CMYK: 0,46,91,0　　CMYK: 60,84,100,49
CMYK: 5,9,85,0　　　CMYK: 41,9,3,0　　CMYK: 52,0,83,0　　CMYK: 0,46,91,0

琥珀色搭配金色，仿佛让人感受到丰收的喜悦，适于表达与秋季相关的主题。

热带橙搭配淡蓝色，在互补色的鲜明对比中，营造了活跃、积极的视觉氛围。

橙黄色搭配嫩绿色，犹如一个开朗、乐观的大男孩，给人年轻、充满活力的感觉。

巧克力色搭配橙黄色，在不同明、纯度的变化中，让版式具有很强的视觉层次感。

配色速查

鲜明	统一	温暖	积极

CMYK: 7,53,78,0　　　CMYK: 16,60,90,0　　CMYK: 4,26,50,0　　CMYK: 8,72,73,0
CMYK: 78,53,0,0　　　CMYK: 12,84,90,0　　CMYK: 5,38,72,0　　CMYK: 16,60,90,0
CMYK: 5,17,76,0　　　CMYK: 28,82,96,0　　CMYK: 6,51,93,0　　CMYK: 88,45,100,8
CMYK: 73,7,73,0　　　CMYK: 81,77,78,59　　CMYK: 41,65,100,2　　CMYK: 88,58,5,0

这是一本图书的封面设计。将不同形状与大小的几何图形作为封面装饰图案，在变化之中丰富了整体的细节效果。

色彩点评

- 封面以橙色为主，明度和纯度适中，给人积极、充满活力的视觉印象。
- 蓝色的运用，在与橙色的鲜明对比中，为封面增添了稳重与理性，同时也与整体调性较为一致。

CMYK: 5,55,88,0　　CMYK: 93,75,0,0
CMYK: 0,16,80,0　　CMYK: 0,57,38,0

推荐色彩搭配

C: 2	C: 0	C: 0	C: 100
M: 16	M: 67	M: 43	M: 93
Y: 84	Y: 77	Y: 25	Y: 45
K: 0	K: 0	K: 0	K: 3

C: 22	C: 24	C: 33	C: 55
M: 33	M: 72	M: 87	M: 95
Y: 39	Y: 65	Y: 100	Y: 100
K: 0	K: 0	K: 1	K: 42

C: 89	C: 3	C: 22	C: 67
M: 86	M: 58	M: 84	M: 31
Y: 91	Y: 95	Y: 100	Y: 41
K: 77	K: 0	K: 0	K: 0

这是一本图书的封面设计。将简笔插画作为封面展示主图，给单调的背景增添了活力与生机。

色彩点评

- 封面整体以纯度和明度适中的橙色为主，暖色调的运用，很好地抚慰了一天的疲惫。
- 少量黑色的点缀，一方面让信息进行直接传达，另一方面增强了整体的视觉稳定性。

CMYK: 92,89,89,80　　CMYK: 2,27,84,0
CMYK: 24,49,100,0

书籍腰封上方主次分明的文字，对书籍进行了相应的解释与说明，给读者直观的视觉印象。

推荐色彩搭配

C: 14	C: 56	C: 45	C: 50
M: 55	M: 74	M: 0	M: 35
Y: 100	Y: 100	Y: 20	Y: 35
K: 0	K: 29	K: 20	K: 0

C: 0	C: 0	C: 82	C: 84
M: 65	M: 85	M: 26	M: 33
Y: 90	Y: 87	Y: 23	Y: 35
K: 0	K: 0	K: 0	K: 0

C: 3	C: 62	C: 28	C: 40
M: 32	M: 76	M: 37	M: 0
Y: 16	Y: 88	Y: 87	Y: 85
K: 0	K: 41	K: 0	K: 0

3.3 黄色

3.3.1 认识黄色

黄色： 黄色是所有颜色中较活跃的颜色。它拥有宽广的象征领域，明亮的黄色会让人联想到太阳、光明、权力和黄金，但它时常也会带动人的负面情绪，是烦恼、苦恼的"催化剂"，给人留下嫉妒、猜疑、吝啬等印象。

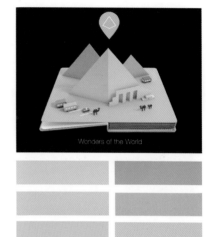

Wonders of the World

黄色
RGB=255,255,0
CMYK=10,0,83,0

铬黄色
RGB=253,208,0
CMYK=6,23,89,0

金色
RGB=255,215,0
CMYK=5,19,88,0

香蕉黄色
RGB=255,235,85
CMYK=6,8,72,0

鲜黄色
RGB=255,234,0
CMYK=7,7,87,0

月光黄色
RGB=155,244,99
CMYK=7,2,68,0

柠檬黄色
RGB=240,255,0
CMYK=17,0,84,0

万寿菊黄色
RGB=247,171,0
CMYK=5,42,92,0

香槟黄色
RGB=255,248,177
CMYK=4,3,40,0

奶黄色
RGB=255,234,180
CMYK=2,11,35,0

土著黄色
RGB=186,168,52
CMYK=36,33,89,0

黄褐色
RGB=196,143,0
CMYK=31,48,100,0

卡其黄色
RGB=176,136,39
CMYK=40,50,96,0

含羞草黄色
RGB=237,212,67
CMYK=14,18,79,0

芥末黄色
RGB=214,197,96
CMYK=23,22,70,0

灰菊色
RGB=227,220,161
CMYK=16,12,44,0

3.3.2　黄色搭配

色彩调性： 荣誉、快乐、开朗、活力、阳光、警示、庸俗、廉价、吵闹。

常用主题色：

CMYK: 5,19,88,0　　CMYK: 6,8,72,0　　CMYK: 5,42,92,0　　CMYK: 2,11,35,0　　CMYK: 31,48,100,0　　CMYK: 23,22,70,0

常用色彩搭配

| CMYK: 5,19,88,0 | CMYK: 40,50,96,0 | CMYK: 6,8,72,0 | CMYK: 7,2,68,0 |
| CMYK: 47,94,100,19 | CMYK: 25,68,86,0 | CMYK: 28,0,62,0 | CMYK: 45,0,51,0 |

金色搭配勃艮第酒红，配色鲜明，给人一种复古、怀念的感觉。

卡其黄搭配纯度偏低的红色，在对比之中给人古朴、优雅的视觉感受。

香蕉黄搭配浅黄绿，这种颜色搭配方式能给人一种既开朗又不眩目的感觉，能令人身心放松。

月光黄搭配纯度较高的淡青色，在冷暖色调对比中营造了浓浓的田园氛围。

配色速查

素雅	鲜活	清新	柔和

CMYK: 9,21,48,0	CMYK: 5,2,50,0	CMYK: 7,2,70,0	CMYK: 14,30,91,0
CMYK: 51,65,100,12	CMYK: 7,2,70,0	CMYK: 62,0,71,0	CMYK: 6,5,50,0
CMYK: 23,36,41,0	CMYK: 7,3,86,0	CMYK: 59,24,7,0	CMYK: 49,38,20,0
CMYK: 10,12,18,0	CMYK: 38,31,100,0	CMYK: 6,55,73,0	CMYK: 85,88,67,55

这是一本杂志内页的版式设计。将场景以简笔插画的形式进行呈现，这样既保证了完整性，又增强了整体的阅读趣味性。

色彩点评

■ 内页整体以黄色和绿色为主，在鲜明的颜色对比中给人活跃积极的视觉印象。

■ 少量红色的点缀，很好地增强了整体的色彩质感，同时让版面效果显得更加鲜活。

CMYK: 100,90,20,0
CMYK: 81,37,100,1

CMYK: 7,27,99,0
CMYK: 0,95,93,0

推荐色彩搭配

C: 89	C: 5	C: 7	C: 90
M: 85	M: 25	M: 7	M: 67
Y: 87	Y: 98	Y: 42	Y: 100
K: 75	K: 0	K: 0	K: 57

C: 7	C: 45	C: 62	C: 20
M: 15	M: 40	M: 64	M: 49
Y: 96	Y: 21	Y: 59	Y: 62
K: 0	K: 0	K: 8	K: 0

C: 0	C: 29	C: 44	C: 91
M: 18	M: 52	M: 0	M: 86
Y: 91	Y: 96	Y: 20	Y: 91
K: 0	K: 0	K: 0	K: 78

这是一本书籍的装帧设计。将文字在封面中进行呈现，将信息直接传达，使读者一目了然。

色彩点评

■ 封面以黑色为主，无彩色的运用，将版面内容进行凸显，同时给人整齐有序的印象。

■ 黄色的文字，在黑色背景的衬托下十分醒目，打破了纯色背景的枯燥感。

CMYK: 91,86,91,78
CMYK: 3,22,69,0

CMYK: 10,22,91,0

主次分明的文字将信息直接传达，而且不同字体的运用，让文字的层次感得到增强。

推荐色彩搭配

C: 8	C: 3	C: 16	C: 97
M: 29	M: 11	M: 7	M: 99
Y: 97	Y: 64	Y: 7	Y: 73
K: 0	K: 0	K: 0	K: 66

C: 9	C: 79	C: 91	C: 4
M: 23	M: 75	M: 100	M: 1
Y: 36	Y: 24	Y: 64	Y: 95
K: 0	K: 0	K: 52	K: 0

C: 47	C: 55	C: 5	C: 87
M: 14	M: 30	M: 25	M: 31
Y: 49	Y: 0	Y: 98	Y: 97
K: 0	K: 0	K: 0	K: 0

3.4.1 认识绿色

绿色： 绿色是一种稳定的中性颜色，也是人们在自然界中看到的最多的色彩。提到绿色，可让人联想到酸涩的梅子、新生的小草、高贵的翡翠、碧绿的枝叶等。同时，绿色也代表健康，使人对健康的人生与生命的活力充满无限希望，给人安定、舒适、生生不息的印象。

黄绿色
RGB=216,230,0
CMYK=25,0,90,0

草绿色
RGB=170,196,104
CMYK=42,13,70,0

枯叶绿色
RGB=174,186,127
CMYK=39,21,57,0

孔雀石绿色
RGB=0,142,87
CMYK=82,29,82,0

苹果绿色
RGB=158,189,25
CMYK=47,14,98,0

苔藓绿色
RGB=136,134,55
CMYK=46,45,93,1

碧绿色
RGB=21,174,105
CMYK=75,8,75,0

铬绿色
RGB=0,101,80
CMYK=89,51,77,13

墨绿色
RGB=0,64,0
CMYK=90,61,100,44

芥末绿色
RGB=183,186,107
CMYK=36,22,66,0

绿松石绿色
RGB=66,171,145
CMYK=71,15,52,0

孔雀绿色
RGB=0,128,119
CMYK=85,40,58,1

叶绿色
RGB=135,162,86
CMYK=55,28,78,0

橄榄绿色
RGB=98,90,5
CMYK=66,60,100,22

青瓷绿色
RGB=123,185,155
CMYK=56,13,47,0

钴绿色
RGB=106,189,120
CMYK=62,6,66,0

3.4.2 绿色搭配

色彩调性： 春天、天然、和平、安全、生长、希望、沉闷、陈旧、健康。
常用主题色：

CMYK: 47,14,98,0   CMYK: 62,6,66,0   CMYK: 82,29,82,0   CMYK: 90,61,100,44   CMYK: 37,0,82,0   CMYK: 46,45,93,1

常用色彩搭配

CMYK: 82,29,82,0
CMYK: 68,23,41,0

孔雀石绿搭配青蓝色，明度和纯度适中，给人严谨、科学、稳定的感受。

CMYK: 62,6,66,0
CMYK: 18,5,83,0

钴绿搭配鲜黄，较为活泼，仿佛散发着青春的味道，可提升整个封面的吸引力。

CMYK: 37,0,82,0
CMYK: 4,33,48,0

荧光绿搭配浅沙棕，明度较高，给人鲜活明快、清新的视觉感受。

CMYK: 46,45,93,1
CMYK: 43,0,67,0

苔藓绿搭配苹果绿，仿佛置身于丛林之中，给人一种人与自然交融的感觉。

配色速查

鲜活	自然	活跃	凉爽

CMYK: 88,47,100,0
CMYK: 45,2,86,0
CMYK: 0,86,88,0
CMYK: 0,38,36,0

CMYK: 66,35,100,0
CMYK: 38,31,100,0
CMYK: 65,0,100,0
CMYK: 10,70,64,0

CMYK: 81,42,85,3
CMYK: 8,15,31,0
CMYK: 86,79,88,71
CMYK: 11,87,94,0

CMYK: 61,22,100,0
CMYK: 83,47,100,10
CMYK: 59,0,36,0
CMYK: 75,57,0,0

这是一本书籍的封面设计。将错落摆放的产品在封面中间位置呈现，给受众直观醒目的视觉印象，而且也让整体的视觉层次立体感得到增强。

■ 封面以纯度和明度适中的孔雀石绿为主，给人优雅、精致的视觉印象，十分引人注目。

■ 少量棕色的点缀，为读者阅读提供了便利，同时也凸显了产品的高端与时尚。

CMYK: 96,57,65,16　　CMYK: 88,40,44,0
CMYK: 49,24,28,0　　CMYK: 52,60,67,4

推荐色彩搭配

C: 93	C: 40	C: 0	C: 12
M: 47	M: 0	M: 16	M: 8
Y: 100	Y: 86	Y: 72	Y: 16
K: 10	K: 0	K: 0	K: 0

C: 40	C: 100	C: 0	C: 93
M: 0	M: 99	M: 89	M: 47
Y: 12	Y: 71	Y: 96	Y: 100
K: 0	K: 65	K: 0	K: 13

C: 83	C: 3	C: 5	C: 91
M: 40	M: 90	M: 14	M: 64
Y: 91	Y: 100	Y: 28	Y: 27
K: 2	K: 0	K: 0	K: 0

这是一本图书的封面设计。在封面顶部凌乱摆放的直线段，让封面具有较强的视觉动感，而且交错摆放，让层次立体感得到了增强。

■ 封面整体以明度和纯度适中的绿色为主，给人清新、生机的视觉印象。

■ 深色的文字，为读者阅读提供了便利，同时也增强了视觉稳定性。

CMYK: 35,18,35,0　　CMYK: 73,0,84,0
CMYK: 52,35,96,0

主次分明的文字将信息直接传达，而且周围适当留白的运用，让整个封面有呼吸顺畅之感。

推荐色彩搭配

C: 79	C: 93	C: 0	C: 85
M: 20	M: 51	M: 76	M: 0
Y: 43	Y: 62	Y: 58	Y: 90
K: 0	K: 6	K: 0	K: 0

C: 47	C: 86	C: 82	C: 20
M: 33	M: 83	M: 56	M: 17
Y: 55	Y: 100	Y: 100	Y: 20
K: 0	K: 47	K: 27	K: 0

C: 9	C: 6	C: 58	C: 42
M: 47	M: 41	M: 73	M: 14
Y: 33	Y: 97	Y: 84	Y: 96
K: 0	K: 0	K: 27	K: 0

3.5 青色

3.5.1 认识青色

青色： 青色通常能给人带来冷静、沉稳的感觉，因此常被使用在强调效率和科技的书籍装帧设计中。色调的变化能使青色表现出不同的效果，当它和同类色或邻近色进行搭配时，会给人朝气十足、精力充沛的印象，和灰色调颜色进行搭配时则会呈现古典、清幽之感。

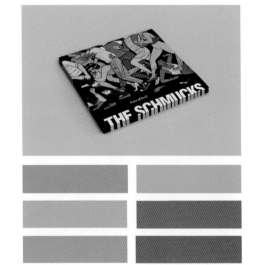

青色
RGB=0,255,255
CMYK=55,0,18,0

群青色
RGB=0,61,153
CMYK=99,84,10,0

瓷青色
RGB=175,224,224
CMYK=37,1,17,0

水青色
RGB=88,195,224
CMYK=62,7,15,0

铁青色
RGB=82,64,105
CMYK=89,83,44,8

石青色
RGB=0,121,186
CMYK=84,48,11,0

淡青色
RGB=225,255,255
CMYK=14,0,5,0

藏青色
RGB=0,25,84
CMYK=100,100,59,22

深青色
RGB=0,78,120
CMYK=96,74,40,3

青绿色
RGB=0,255,192
CMYK=58,0,44,0

白青色
RGB=228,244,245
CMYK=14,1,6,0

清漾青色
RGB=55,105,86
CMYK=81,52,72,10

天青色
RGB=135,196,237
CMYK=50,13,3,0

青蓝色
RGB=40,131,176
CMYK=80,42,22,0

青灰色
RGB=116,149,166
CMYK=61,36,30,0

浅葱色
RGB=210,239,232
CMYK=22,0,13,0

3.5.2 青色搭配

色彩调性：欢快、淡雅、安静、沉稳、广阔、科技、严肃、阴险、消极、沉静、深沉、冰冷。

常用主题色：

| CMYK: 55,0,18,0 | CMYK: 50,13,3,0 | CMYK: 37,1,17,0 | CMYK: 84,48,11,0 | CMYK: 62,7,15,0 | CMYK: 96,74,40,3 |

常用色彩搭配

CMYK: 89,83,44,8
CMYK: 0,0,100,0

CMYK: 96,74,40,3
CMYK: 16,1,67,0

CMYK: 84,48,11,0
CMYK: 58,0,53,0

CMYK: 55,0,18,0
CMYK: 73,96,27,0

铁青色搭配明亮的黄色，在一明一暗的鲜明对比中，具有很强的视觉冲击力。

深青搭配月光黄，犹如黑夜与白天相碰撞，在一明一暗之中尽显时尚与个性。

青蓝色搭配绿松石绿，令人联想到清透的湖水，给人清凉、安静之感。

青色搭配水晶紫，是一款适用于表达成熟女性的颜色搭配方式，给人高贵、淡雅的视觉印象。

配色速查

| 安定 | 清爽 | 童趣 | 宁静 |

 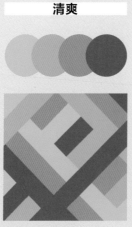 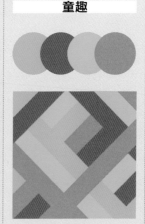 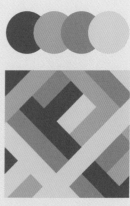

CMYK: 66,24,40,0
CMYK: 18,57,13,0
CMYK: 82,52,60,6
CMYK: 16,30,77,0

CMYK: 52,5,27,0
CMYK: 73,7,39,0
CMYK: 78,21,48,0
CMYK: 87,47,61,3

CMYK: 65,11,20,0
CMYK: 16,68,1,0
CMYK: 55,6,72,0
CMYK: 10,42,87,0

CMYK: 84,49,63,5
CMYK: 71,14,51,0
CMYK: 58,38,0,0
CMYK: 26,7,70,0

这是*Paper Cut*的书籍封面设计。将文字在封面中直接呈现，给读者直观醒目的视觉印象。而且添加的装饰性小元素，很好地丰富了整体的细节效果。

色彩点评

■ 书籍以青色为主，明度和纯度适中，给人清新、通透的视觉感受，可以很好地缓解读者的视觉疲劳。

■ 少量红色、黄色等色彩的点缀，在与青色的鲜明对比中，给人活跃、积极的视觉体验。

CMYK: 67,19,40,0　　CMYK: 80,45,60,2
CMYK: 20,89,15,0　　CMYK: 7,25,78,0

推荐色彩搭配

C: 52	C: 73	C: 38	C: 71
M: 0	M: 22	M: 42	M: 36
Y: 53	Y: 19	Y: 100	Y: 100
K: 0	K: 0	K: 0	K: 0

C: 93	C: 96	C: 82	C: 27
M: 88	M: 67	M: 93	M: 78
Y: 88	Y: 0	Y: 37	Y: 100
K: 79	K: 0	K: 3	K: 0

C: 73	C: 16	C: 0	C: 58
M: 4	M: 71	M: 50	M: 0
Y: 29	Y: 0	Y: 84	Y: 71
K: 0	K: 0	K: 0	K: 0

这是新西兰最佳平面设计的书籍封面设计。采用倾斜型的构图方式，整个封面用倾斜条纹将封面划分为相同的若干部分，为其增添了活力感。

色彩点评

■ 封面以深蓝色为底色，将版面内容很好地凸显出来，同时增强了整体的稳定性。

■ 青色的运用，在与蓝色的邻近色对比中，增强了整体的层次感。

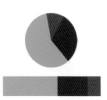

CMYK: 74,4,15,0　　CMYK: 97,84,38,2
CMYK: 11,83,60,0

以倾斜方式呈现的文字，与整体风格调性十分一致。而且，适当留白的运用，为读者阅读提供了便利。

推荐色彩搭配

C: 20	C: 88	C: 60	C: 0
M: 15	M: 42	M: 73	M: 58
Y: 12	Y: 41	Y: 36	Y: 100
K: 0	K: 0	K: 0	K: 0

C: 62	C: 40	C: 80	C: 58
M: 0	M: 44	M: 34	M: 89
Y: 25	Y: 40	Y: 42	Y: 100
K: 0	K: 0	K: 0	K: 48

C: 78	C: 67	C: 28	C: 93
M: 9	M: 0	M: 16	M: 88
Y: 43	Y: 39	Y: 18	Y: 89
K: 0	K: 0	K: 0	K: 80

3.6.1 认识蓝色

蓝色： 自然界中蓝色的面积比例很大，容易使人想到蔚蓝的大海、晴朗的蓝天，是自由祥和的象征。蓝色的注目性和识别性都不是很高，能给人一种高远、深邃之感。它作为极端的冷色，在中国，一般认为蓝色具有镇静安神、缓解紧张情绪的作用，但在西方，"蓝色音乐"指的是悲伤类型的乐曲。

蓝色
RGB=0,0,255
CMYK=92,75,0,0

矢车菊蓝色
RGB=100,149,237
CMYK=64,38,0,0

午夜蓝色
RGB=0,51,102
CMYK=100,91,47,9

爱丽丝蓝色
RGB=240,248,255
CMYK=8,2,0,0

天蓝色
RGB=0,127,255
CMYK=80,50,0,0

深蓝色
RGB=1,1,114
CMYK=100,100,54,6

皇室蓝色
RGB=65,105,225
CMYK=79,60,0,0

水晶蓝色
RGB=185,220,237
CMYK=32,6,7,0

蔚蓝色
RGB=4,70,166
CMYK=96,78,1,0

道奇蓝色
RGB=30,144,255
CMYK=75,40,0,0

浓蓝色
RGB=0,90,120
CMYK=92,65,44,4

孔雀蓝色
RGB=0,123,167
CMYK=84,46,25,0

普鲁士蓝色
RGB=0,49,83
CMYK=100,88,54,23

宝石蓝色
RGB=31,57,153
CMYK=96,87,6,0

蓝黑色
RGB=0,14,42
CMYK=100,99,66,57

水墨蓝色
RGB=73,90,128
CMYK=80,68,37,1

3.6.2　蓝色搭配

色彩调性：沉静、冷淡、理智、高深、科技、沉闷、死板、压抑。
常用主题色：

CMYK: 92,75,0,0　　CMYK: 80,50,0,0　　CMYK: 96,87,6,0　　CMYK: 84,46,25,0　　CMYK: 32,6,7,0　　CMYK: 80,68,37,1

常用色彩搭配

CMYK: 80,68,37,1
CMYK: 62,72,0,0

水墨蓝搭配紫藤，有较强的重量感，但若用色比例失调，则会令画面压抑而不透气。

CMYK: 84,46,25,0
CMYK: 11,45,82,0

孔雀蓝搭配橙黄，给人理性的感觉，整体配色舒适、和谐，严谨而不失透气性。

CMYK: 32,6,7,0
CMYK: 52,0,84,0

水晶蓝搭配嫩绿色，让人想到淡蓝的天空和嫩绿的草地，给人舒适、安定的印象。

CMYK: 80,50,0,0
CMYK: 100,91,52,21

天蓝色搭配午夜蓝，同类蓝色进行搭配，给人以稳定、低调的视觉感受。

配色速查

环保	稳定	活力	前卫

 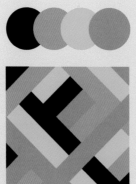 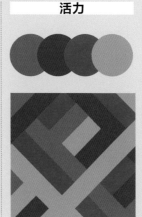 

CMYK: 84,46,25,0　　CMYK: 87,82,79,68　　CMYK: 76,36,18,0　　CMYK: 89,76,0,0
CMYK: 55,16,1,0　　CMYK: 72,26,0,0　　CMYK: 91,87,31,1　　CMYK: 9,75,99,0
CMYK: 71,16,55,0　　CMYK: 50,0,8,0　　CMYK: 0,92,80,0　　CMYK: 81,96,0,0
CMYK: 17,4,59,0　　CMYK: 43,34,99,0　　CMYK: 39,31,29,0　　CMYK: 7,3,86,0

这是一本书籍的封面设计。采用放射型的构图方式，以中间部位作为放射起始点，由内而外往四周散射，具有很强的视觉动感。而且，背景中曲线线条的运用，丰富了整体的细节效果。

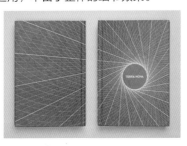

色彩点评

- 封面整体以蓝色为主，在不同明、纯度的变化中，让整体的色彩质感得到增强。
- 浅色的适当运用，提高了封面的亮度，为读者阅读提供了一个良好的空间。

CMYK：83,58,0,0
CMYK：19,15,11,0

CMYK：86,68,0,0

推荐色彩搭配

C: 80	C: 100	C: 0	C: 93
M: 61	M: 97	M: 96	M: 88
Y: 16	Y: 41	Y: 86	Y: 89
K: 0	K: 2	K: 0	K: 80

C: 75	C: 52	C: 11	C: 44
M: 34	M: 0	M: 17	M: 37
Y: 0	Y: 5	Y: 84	Y: 34
K: 0	K: 0	K: 0	K: 0

C: 73	C: 16	C: 33	C: 0
M: 4	M: 29	M: 23	M: 0
Y: 11	Y: 42	Y: 19	Y: 100
K: 0	K: 0	K: 0	K: 0

这是一本精美图书的封面设计。将简笔插画瓶子作为展示主图，在统一有序的摆放中为封面增添了些许的视觉动感。

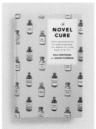

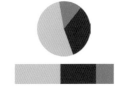

色彩点评

- 封面以浅灰色为背景色，将版面内容清楚地凸显出来，给人纯净、优雅的视觉印象。
- 蓝色的运用，在不同明、纯度的变化中，丰富了整体的视觉层次感。

CMYK：24,18,17,0　CMYK：100,85,0,0
CMYK：71,40,4,0

以矩形作为文字呈现的载体，具有很强的视觉聚拢感。而且在主次分明之间将信息直接传达，使读者一目了然。

推荐色彩搭配

C: 95	C: 58	C: 3	C: 64
M: 89	M: 5	M: 22	M: 0
Y: 85	Y: 0	Y: 69	Y: 47
K: 77	K: 0	K: 0	K: 0

C: 100	C: 79	C: 0	C: 40
M: 95	M: 56	M: 65	M: 56
Y: 73	Y: 0	Y: 90	Y: 1
K: 66	K: 0	K: 0	K: 0

C: 100	C: 41	C: 60	C: 40
M: 99	M: 9	M: 0	M: 0
Y: 57	Y: 3	Y: 9	Y: 85
K: 43	K: 0	K: 0	K: 0

3.7 紫色

3.7.1 认识紫色

紫色： 在所有颜色中紫色波长较短。明亮的紫色通常令人感觉妩媚、优雅，运用在服饰中可以让多数女性充满雅致、神秘、优美的情调。紫色是大自然中少有的色彩，但在书籍装帧设计中会经常使用，可以给受众留下高贵、奢华、浪漫的印象。

紫色
RGB=102,0,255
CMYK=81,79,0,0

木槿紫色
RGB=124,80,157
CMYK=63,77,8,0

矿紫色
RGB=172,135,164
CMYK=40,52,22,0

浅灰紫色
RGB=157,137,157
CMYK=46,49,28,0

淡紫色
RGB=227,209,254
CMYK=15,22,0,0

藕荷色
RGB=216,191,206
CMYK=18,29,13,0

三色堇紫色
RGB=139,0,98
CMYK=59,100,42,2

江户紫色
RGB=111,89,156
CMYK=68,71,14,0

靛青色
RGB=75,0,130
CMYK=88,100,31,0

丁香紫色
RGB=187,161,203
CMYK=32,41,4,0

锦葵紫色
RGB=211,105,164
CMYK=22,71,8,0

蝴蝶花紫色
RGB=166,1,116
CMYK=46,100,26,0

紫藤色
RGB=141,74,187
CMYK=61,78,0,0

水晶紫色
RGB=126,73,133
CMYK=62,81,25,0

淡紫丁香色
RGB=237,224,230
CMYK=8,15,6,0

蔷薇紫色
RGB=214,153,186
CMYK=20,49,10,0

3.7.2　紫色搭配

色彩调性： 芬芳、高贵、优雅、自傲、敏感、内向、冰冷、严厉。

常用主题色：

CMYK: 88,100,31,0　　CMYK: 62,81,25,0　　CMYK: 46,100,26,0　　CMYK: 40,52,22,0　　CMYK: 68,71,14,0　　CMYK: 22,71,8,0

常用色彩搭配

CMYK: 88,100,31,0
CMYK: 14,48,82,0

CMYK: 32,41,4,0
CMYK: 65,20,29,0

CMYK: 11,66,4,0
CMYK: 0,100,100,30

CMYK: 22,71,8,0
CMYK: 9,13,5,0

水晶紫搭配勃艮第酒红，是表现成熟女性魅力的绝佳颜色，可以营造出高尚、雅致的感觉。

丁香紫搭配青灰色，在同为低纯度色彩的对比之中给人优雅、古朴之感。

江户紫搭配碧绿，让人联想到芬芳的薰衣草，给人高档、优雅、有格调的印象。

锦葵紫搭配浅粉红，犹如公主般粉嫩可爱，使人心生一种想要保护的欲望。

配色速查

饱满	优雅	知性	高贵

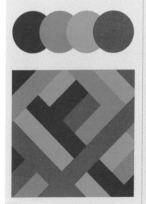  

CMYK: 46,98,23,0
CMYK: 19,48,96,0
CMYK: 58,20,98,0
CMYK: 5,91,65,0

CMYK: 45,67,13,0
CMYK: 73,100,31,1
CMYK: 12,68,0,0
CMYK: 60,53,47,0

CMYK: 64,84,0,0
CMYK: 83,75,0,0
CMYK: 78,24,34,0
CMYK: 27,28,95,0

CMYK: 29,51,4,0
CMYK: 41,74,8,0
CMYK: 56,100,13,0
CMYK: 73,100,46,7

这是儿童旅游指南书籍的内页设计。将卡通动物作为展示主图，以简单易懂的方式将信息传达出来，刚好与书籍针对的人群对象特征相吻合。

色彩点评

■ 纯度偏高的紫色的运用，在白色背景的衬托下十分醒目，很好地增强了视觉稳定性。

■ 少量绿色、蓝色、橙色等色彩的运用，在鲜明的颜色对比中给人以活跃、积极的感受。

CMYK: 89,100,67,61
CMYK: 7,78,100,0

CMYK: 45,100,24,0
CMYK: 59,18,100,0

推荐色彩搭配

C: 1	C: 3	C: 30	C: 75
M: 91	M: 46	M: 75	M: 7
Y: 65	Y: 100	Y: 9	Y: 31
K: 0	K: 0	K: 0	K: 0

C: 65	C: 47	C: 74	C: 0
M: 57	M: 73	M: 100	M: 84
Y: 54	Y: 16	Y: 31	Y: 0
K: 3	K: 0	K: 0	K: 0

C: 82	C: 69	C: 0	C: 0
M: 78	M: 0	M: 100	M: 51
Y: 0	Y: 0	Y: 100	Y: 97
K: 0	K: 0	K: 0	K: 0

这是以太空探索为主题的书籍封面设计。将字母G以较大字号呈现，给读者直观醒目的印象。而且，其中叠加的太空图像，直接表明了书籍所介绍的内容。

色彩点评

■ 紫色具有神秘、优雅的色彩特征，在不同明、纯度的变化中尽显天空的深邃与浩瀚。

■ 书籍中白色背景的运用，将主体对象清楚地凸显出来，同时也让太空探索的视觉氛围更加浓厚。

CMYK: 47,71,0,0   CMYK: 88,100,53,13
CMYK: 12,45,26,0

以一条直线段作为字母G与底部文字的分割线，不仅为读者营造了一个良好的阅读环境，同时也丰富了封面的细节效果。

推荐色彩搭配

C: 15	C: 89	C: 0	C: 51
M: 10	M: 98	M: 67	M: 75
Y: 9	Y: 0	Y: 96	Y: 0
K: 0	K: 0	K: 0	K: 0

C: 30	C: 46	C: 16	C: 11
M: 26	M: 42	M: 48	M: 9
Y: 12	Y: 20	Y: 65	Y: 9
K: 0	K: 0	K: 0	K: 0

C: 93	C: 76	C: 1	C: 3
M: 100	M: 100	M: 27	M: 0
Y: 60	Y: 1	Y: 97	Y: 60
K: 48	K: 0	K: 0	K: 0

3.8.1 认识黑、白、灰

黑色： 黑色在书籍装帧中是神秘又暗藏力量的颜色，往往用来表现庄严、肃穆或深沉的情感，常被人们称为"极色"。

白色： 白色通常能让人联想到白雪、白鸽，能使空间增加宽敞感，白色是纯净、正义、神圣的象征，对易怒的人可起到调节作用。

灰色： 灰色是可以在很大程度上满足人眼对色彩明度舒适要求的中性色。它的注目性很低，与其他颜色搭配可取得很好的视觉效果，通常灰色会给人留下阴天、轻松、随意、顺服的感觉。

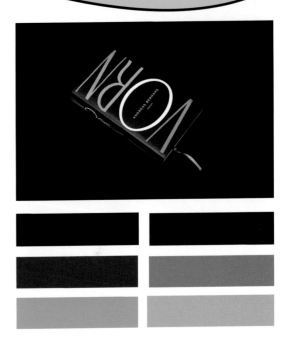

白色
RGB=255,255,255
CMYK=0,0,0,0

月光白色
RGB=253,253,239
CMYK=2,1,9,0

雪白色
RGB=233,241,246
CMYK=11,4,3,0

象牙白色
RGB=255,251,240
CMYK=1,3,8,0

10%亮灰色
RGB=230,230,230
CMYK=12,9,9,0

50%灰色
RGB=102,102,102
CMYK=67,59,56,6

80%炭灰色
RGB=51,51,51
CMYK=79,74,71,45

黑色
RGB=0,0,0
CMYK=93,88,89,88

3.8.2　黑、白、灰搭配

（位于页面右上角竖排文字）

色彩调性：经典、洁净、暴力、黑暗、平凡、和平、沉闷、悲伤。

常用主题色：

CMYK: 0,0,0,0　　CMYK: 2,1,9,0　　CMYK: 12,9,9,0　　CMYK: 67,59,56,6　　CMYK: 79,74,71,45　　CMYK: 93,88,89,88

第3章 书籍装帧设计基础色

059

常用色彩搭配

CMYK: 3,82,23,0
CMYK: 7,62,52,0

黑色搭配深红色，犹如一杯红葡萄酒，高贵而不失性感，给人魅惑的视觉感。

CMYK: 67,59,56,6
CMYK: 0,0,100,0

50％灰搭配亮黄色，使整体在活跃动感之中又具有稳重成熟之感，是很常用的颜色搭配组合。

CMYK: 25,58,0,0
CMYK: 79,96,74,67

10％亮灰搭配水墨蓝，让人不自觉地想起汽车、电器等行业，给人严谨、稳重的印象。

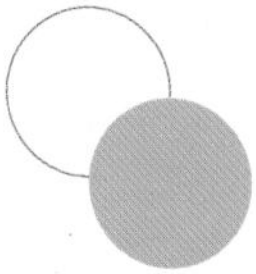

CMYK: 11,66,4,0
CMYK: 52,99,40,1

白色搭配浅杏黄，视觉上给人舒适、纯净的感受，常用于休闲服饰和家居用品中，可以让人身心放松。

配色速查

简朴	丰富	纯粹	品质

CMYK: 41,32,35,0
CMYK: 83,78,79,63
CMYK: 31,19,16,0
CMYK: 16,11,14,0

CMYK: 83,88,75,64
CMYK: 63,0,23,0
CMYK: 24,86,47,0
CMYK: 87,70,2,0

CMYK: 92,87,88,79
CMYK: 76,72,70,39
CMYK: 29,23,22,0
CMYK: 76,7,78,0

CMYK: 73,63,64,18
CMYK: 81,36,31,0
CMYK: 0,86,77,0
CMYK: 93,88,89,80

这是一本书籍的封面设计。将不规则图形构成的图案作为封面展示主图，给人一种时尚、个性的印象。而且，周围适当留白的运用，为受众提供了一个广阔的想象空间。

色彩点评

- 书籍封面以黑色为背景色，无彩色的运用，给人很强的力量感与稳定性。
- 图案中青色、蓝色、红色等色彩的运用，在鲜明的颜色对比中丰富了整体的色彩质感。

CMYK: 96,91,80,75　　CMYK: 67,3,0,0
CMYK: 91,79,0,0　　　CMYK: 12,86,50,0

推荐色彩搭配

C: 97	C: 92	C: 28	C: 87
M: 89	M: 77	M: 22	M: 44
Y: 82	Y: 0	Y: 24	Y: 73
K: 75	K: 0	K: 0	K: 0

C: 33	C: 64	C: 57	C: 93
M: 38	M: 23	M: 48	M: 89
Y: 53	Y: 59	Y: 44	Y: 88
K: 0	K: 0	K: 0	K: 80

C: 0	C: 92	C: 22	C: 69
M: 70	M: 87	M: 14	M: 60
Y: 82	Y: 90	Y: 95	Y: 75
K: 0	K: 79	K: 0	K: 19

这是一本介绍意大利美食的书籍封面设计。将各种食材以简笔插画的形式进行呈现，这样既保证了完整性，也为读者阅读增添了趣味性，很有创意。

色彩点评

- 书籍封面以白色为底色，给人纯净、整洁的视觉印象。
- 插画图案中不同明、纯度灰色以及黑色的运用，尽显书籍的简约与精致。

CMYK: 23,18,16,0　　CMYK: 93,88,89,80
CMYK: 56,47,44,0

简单的文字与插画融为一体，将信息直接传达。而且，在整体统一有序的排列中，为读者阅读提供了便利。

推荐色彩搭配

C: 24	C: 80	C: 55	C: 40
M: 18	M: 75	M: 45	M: 26
Y: 18	Y: 76	Y: 47	Y: 19
K: 0	K: 52	K: 0	K: 0

C: 90	C: 67	C: 40	C: 0
M: 83	M: 69	M: 27	M: 65
Y: 76	Y: 76	Y: 27	Y: 90
K: 62	K: 31	K: 0	K: 0

C: 44	C: 4	C: 93	C: 15
M: 34	M: 7	M: 80	M: 49
Y: 27	Y: 8	Y: 91	Y: 42
K: 0	K: 0	K: 75	K: 0

4

第4章

书籍装帧中的
版式设计

　　书籍中的版式设计是指在既定的开本上，将书稿的文字与其他视觉元素根据内容上的逻辑和视觉美感加以编排，使书籍内部的版面，与书籍的开本、装订、封面等外部形式协调，以方便读者阅读。

　　根据书籍类目的不同与书籍开本的大小，可分为骨骼型、对称型、分割型、满版型、曲线型、倾斜型、放射型、三角形、自由型。不同类型的版式设计会表现出书籍不同的风格与特征，因此在进行相关的版面设计时，可以根据不同的书籍类型来选择合适的版式类型。

　　骨骼型是将版面刻意按照骨骼的规格，划分为若干大小相等的区域，是一种规范的、理性的版式。在版式设计中，骨骼型是一种常见的版面类型。骨骼型可分为竖向通栏、双栏、三栏、四栏等，大多版面都应用竖向分栏。

　　骨骼型是一种标准式版式，严格按照骨骼比例对文字进行编排，可以给人以严肃、理智、严谨的视觉感受，常用于工具类与文化类书籍。但过多文字会让版面过于呆板、严肃，因此变形骨骼版式在原来的基础上产生变化，巧妙地运用图文搭配，对部分骨骼重新编排，增强了版面的活跃度，让版面形成既规整又活泼的视觉感受。

特点：

- 骨骼型版面可竖向分栏，也可横向分栏，而且版面编排规范、统一；
- 有序的分割与图文结合，会使版面更为活跃，且具有透气性；
- 严谨地按照骨骼型进行版面编排，可以使读者产生规整、理智的视觉感受。

4.1.1 骨骼型版式设计

骨骼型的版式往往给人以规整、严谨的视觉感受。通常在书籍的上方或左侧为标题并辅以插图，其他部分为文字内容并按照骨骼的规划进行排版，最下面，或右下角，或左下角，则是书籍的页码。

设计理念： 这是一款杂志的内页设计，采用骨骼型的版式设计，将文字与图像按照骨骼进行编排，画面整齐且色调一致，给人以清晰、规整的视觉感受，便于人们对信息的阅读。对部分骨骼进行舍弃，适当的留白为画面增加了活力。

色彩点评： 整个版面以白色为主，辅以蓝色，给人清新、简洁的感觉。

■ 图片与文字相互呼应，版面平整且色调一致，具有较高的协调感。

■ 版面自上而下安排，图片与文字分割清晰，给人以清晰、醒目的视觉感受，便于读者阅读。

■ 图片与文字间隔相同，使二者产生联系，保持版面的稳定性。

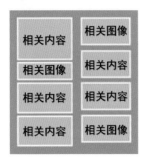

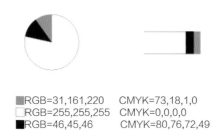

■ RGB=31,161,220　CMYK=73,18,1,0
■ RGB=255,255,255　CMYK=0,0,0,0
■ RGB=46,45,46　CMYK=80,76,72,49

该版面采用了骨骼型的版式方式，均衡的分割提高了版面的平稳感。版面重点部分文字使用不同颜色，给人以和谐、醒目的视觉感受。

□ RGB=255,255,255　CMYK=0,0,0,0
■ RGB=208,22,27　CMYK=15,99,100,0
■ RGB=168,177,172　CMYK=40,25,31,0

该版面规整、有序，图片与文字分割清晰，字体的选择、大小、粗细形成鲜明对比，强化了版面的主次关系。图片应用暖色调，给人以温馨、活跃的视觉感受。

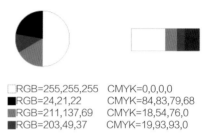

☐ RGB=255,255,255	CMYK=0,0,0,0
■ RGB=24,21,22	CMYK=84,83,79,68
■ RGB=211,137,69	CMYK=18,54,76,0
■ RGB=203,49,37	CMYK=19,93,93,0

4.1.2 骨骼型版式的设计技巧——图文搭配

骨骼型是较为标准的版式，特点是书籍的文字内容按照骨骼分割进行编排。为了减少过多文字带来的呆板和单调，设计师常常加入图片并巧妙搭配图文，这样可以改变版面的风格，使版面既规整又富有变化。

该版面以文字为主体，采用骨骼型版式，增强了版面的稳定性。白色色块与蓝色背景形成的阴影增强了版面的空间感和层次感；字体的大小、粗细形成鲜明对比，蓝色背景装点画面的同时也增强了整体的活跃度，给人以清新、轻松的感觉。

版面中运用白色为背景色，蓝色与黑色为辅助色，通过色彩的对比，在保持整体平稳性的同时，又增强了画面的视觉冲击力。

版面中图片与文字有序分割，文字与标题之间的间隔相同，增强了二者的关联性，给人以规整、平衡的视觉感受。

骨骼型版式设计推荐

简洁

稳定

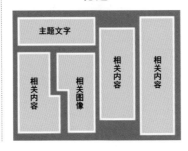

醒目

配色方案

双色配色

三色配色

四色配色

4.2　对称型

　　对称型版式即以画面中心为轴心，进行上下或左右对称编排。对称型的版式可以分为绝对对称型与相对对称型两种。绝对对称要求画面上下或左右两侧完全一致，相对对称则更富有变化。因此，较多版面设计采用相对对称型版式。

　　特点：

- 对称型版式有着平衡、协调的视觉感受；
- 对称型版式会使人产生秩序感、严肃感，同时展现出版面的完美、协调、高端且富有艺术性的特点；
- 相对对称可以改变版面的呆板沉闷，让画面均衡且和谐。

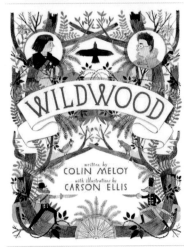
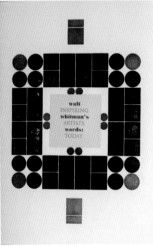

4.2.1　对称型版式设计

对称型的版式往往给人以庄重、稳定的视觉感受，版面平整、清晰，标题通常居中编排并辅以插图，其他文字部分按照左右或上下的规划进行排版，将信息直接明了地传递给读者。

设计理念： 这是一本杂志的封面设计，采用对称型的版式，文字居中排版。版面以图像为主，四周的建筑将天空遮挡住，视野变得狭小，给人以紧张、刺激、理性的视觉感受。同时可以将读者的视线聚拢在版面中心的文字，便于读者对信息的接收。

色彩点评： 杂志版面以黑色为主，画面整体色调呈现为冷色调，给人以紧张、冰冷的感受。

- 相对对称的版式方式，给人以稳定的视觉感受。
- 蓝色基调使版面充满科技感，给人以和谐的视觉感受。

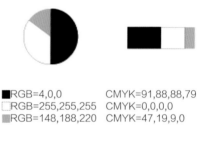

■ RGB=4,0,0　　　　CMYK=91,88,88,79
□ RGB=255,255,255　CMYK=0,0,0,0
■ RGB=148,188,220　CMYK=47,19,9,0

该版面左右两侧对称，使版面平稳且均衡，整体简洁明了，显示出简洁、清晰的视觉特征。

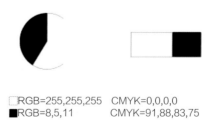

□ RGB=255,255,255　CMYK=0,0,0,0
■ RGB=8,5,11　　　　CMYK=91,88,83,75

该版面采用对称型的版式，深蓝色背景色调偏暗，突出版面前方的文字与图形。图形的设计增强了画面的活跃感，给人以活跃、生动的视觉感受。

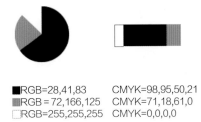

■ RGB=28,41,83　　　　CMYK=98,95,50,21
■ RGB = 72,166,125　　CMYK=71,18,61,0
□ RGB=255,255,255　　CMYK=0,0,0,0

4.2.2　对称型版式的设计技巧——利用对称表达高端华丽感

对称型是一种常见的版式方式，但不同的对称方式可以表现出不同的视觉效果。绝对对称通常给人以稳定、和谐的完美印象；而相对对称更加活跃，给人以更加活泼、生动的视觉感受。

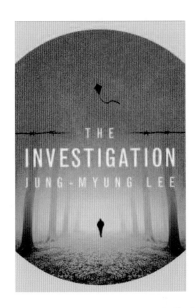

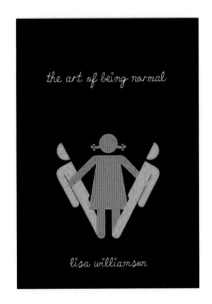

该版面整体呈暖色调，给人以温馨的感受，版面左右对称，增强了版面的平稳性。图像中对称的树与人影，增强了版面的空间感与层次感，给人以无尽的想象空间。

该版面左右相对对称，深色背景使前方图像更加突出，版面稳定且不失活跃感。

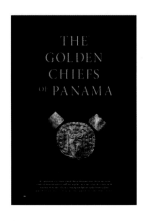

该版面图像左右相对对称，文字居中排版，版面整体令人感觉稳定、理性。黑色与金色的搭配，给人以经典、大气的视觉感受。

对称型版式设计推荐

简洁

稳定

醒目

配色方案

双色配色

三色配色

四色配色

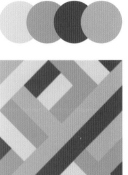

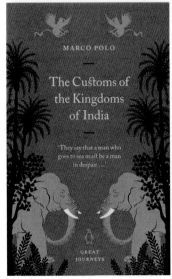

　　分割型版式就是将版面进行分割，一般可分为上下分割、左右分割和黄金比例分割。上下分割通常将版面上下分为两部分或多部分，图文结合，表现出版面的艺术性与理性。左右分割则是运用色块进行分割，为保证版面稳定，图文相互穿插，在增添艺术性的同时保持了版面稳定。而黄金比例分割根据0.618：1的比例进行分割，很容易使版面产生美感。书籍内页一般将主题与文字内容分割开，封面则运用色块及图像进行图文搭配，以增强艺术性与表现力。

　　分割型版式更加重视版面的艺术性与表现力，通常给人稳定、优美、和谐、舒适的视觉感受。

特点：

■　具有较强的灵活性，可进行不同角度的分割，具有较强的视觉冲击力；

■　利用色块分割画面，可以增强版面的层次感与空间感；

■　特殊的分割，可以使版面更具有美感。

4.3.1 分割型版式设计

　　分割型的版式更注重艺术性与表现力，书籍的装帧往往会影响读者对一本书的第一印象，装帧是书籍的门面。书籍的封面设计一般要具有较强的层次感与艺术感，视觉吸引力较强。

　　设计理念： 这是一本杂志的内页设计，采用分割型的版式方式，运用不同颜色的色块将整个画面分割成大小不等的三个部分，在版面不同大小和不同颜色的鲜明对比中，给人以和谐的视觉感受。

　　色彩点评： 整个版面使用了黑色、黄色、草绿色，整个画面色调一致，给人以温暖、和谐的视觉感受。

- 主标题文字字号较大，在黄色背景上使用黑色字体，能将信息清晰明了地传达给读者，文字左右编排，保持了版面的平稳性。
- 色彩和谐统一，给人一种明快、活跃的感觉。

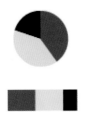

■ RGB=239,234,69　CMYK=14,4,78,0
■ RGB=278,92,43　CMYK=73,56,100,22
■ RGB=6,3,2　CMYK=91,87,87,78

　　该版面中色块部分与图片部分形成上下分割，文字的穿插使版面更加平稳。整体色调偏暖，柔和的色调给人以和谐、温馨的视觉感受。

□ RGB=240,243,244　CMYK=7,4,4,0
■ RGB=152,162,135　CMYK=47,32,49,0
■ RGB=125,97,67　CMYK=56,63,78,12

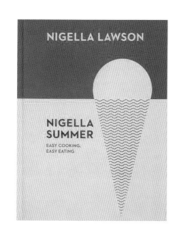

蓝色和米色两种颜色的色块将版面分割成上下两部分，增强了画面的层次感。蓝色与米色的搭配，给人清新、温馨的感受。波浪线条的设计增强了版面的艺术感，使版面更加活跃。

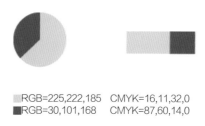

■ RGB=225,222,185　CMYK=16,11,32,0
■ RGB=30,101,168　CMYK=87,60,14,0

4.3.2　分割型版式的设计技巧——利用图形营造版面层次感

层次就是高与低、远与近、大与小的关系，空间是黑、白、灰之间的明暗关系。运用矩形的边缘线可以将画面分割成多个部分，再对其边缘进行装饰处理，可使版面中的视觉元素形成前后、远近等层次关系。

该版面运用色块将画面分割为四个部分，增强了画面的层次感。将主标题、文字与图像分隔开，使信息更加突出，使人一目了然，便于读者对信息的阅读。黄色与黑色的搭配，视觉冲击力强，更易吸引读者视线。

该版面运用不同明度的色彩，形成阴影效果，版面中的视觉元素形成前后的空间关系，增强了版面的层次感和空间感，给人以层次分明的视觉感受。

该版面中图像与色块分割为上下两部分，增强了画面的层次感与活跃度。主标题文字与背景色对比鲜明，文字信息一目了然，便于读者对信息的了解。

分割型版式设计推荐

理性

相关内容

相关图像

优美

相关内容　相关图像

相关图像

相关图像

主题文字

严谨

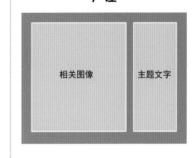

相关图像　主题文字

配色方案

双色配色

三色配色

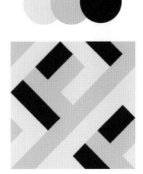

四色配色

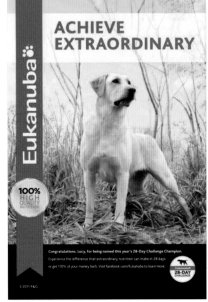

4.4 满版型

满版型版式是以主体图像填充整个版面，文字放置在版面各个位置，适于封面及目录的编排。满版型的版面主要以图片来表达主题，以最直观的表达方式展示其主题思想。满版型版式具有较强的视觉冲击力，给人以直白的视觉感受。满版型封面设计给人的印象深刻，增强了版面的宣传力度。

特点：

■ 多以图像或场景充满整个版面，具有丰富饱满的视觉效果；

■ 版面细节内容丰富，版面饱满，给人以深刻、直白的视觉感受；

■ 文字编排体现版面的空间感与层次感。

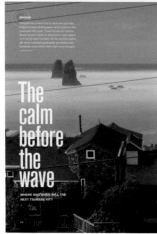

4.4.1 满版型版式设计

满版型版式设计视觉冲击力较强，适用于各种时尚杂志、生活杂志封面，可以更好地展现主题，宣传产品。

设计理念： 版面版式饱满，文字排版居中，增强了版面的稳定性。文字围绕盘子呈曲线编排，增强了画面的活跃度与动感。整体色调和谐，给人以舒适、和谐、美味的感受。

色彩点评： 整个背景色调偏暗，突出了前景食物的色泽与文字信息，在烘托画面整体气息的同时使信息一目了然。

■ 文字居中排版，使版面稳重且平衡有力。

■ 文字的曲线走向增加了版面的艺术感与空间感。

■ 版面色调和谐，给人以舒适、和谐的视觉感受。

■ RGB=13,13,13　CMYK=88,84,84,74　□ RGB=246,245,249　CMYK=4,4,1,0

该版面红、黑两色对比鲜明，让整个画面呈现一种热烈、鲜活的感觉，能够很好地调动读者情绪。

■ RGB=216,22,24　CMYK=18,98,100,0
■ RGB=128,184,46　CMYK=57,11,97,0
■ RGB=5,0,0　CMYK=91,88,87,79

该版面以海面为背景，天空与海面的分界，使版面空间感十足。人物的动作使画面充满动感，以蓝色为主色调，给人以清凉、活跃的视觉感受。

■RGB=41,81,115　CMYK=89,71,44,5　■RGB=193,189,185　CMYK=29,24,25,0

4.4.2　满版型版面的设计技巧——注重色调统一化

画面色彩是整个版面的第一视觉语言。色调的明暗、冷暖都是对版面风格的总体把握。五颜六色总会给人以眼花缭乱的视觉感受，而版面色调和谐统一，就会使画面形成一种和谐、舒适的美感。

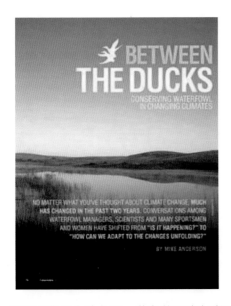

该版面背景为冷色调，蓝色的天空与湖面所蕴含的自然气息浓厚，给人以宁静、清凉、广阔的视觉感受。

该版面以冷色调为主，黑色背景与灯光的组合，使版面具有较强的视觉冲击力。

版面整体明度较低，视觉冲击力小，给人以平静、温馨的视觉感受。画面中食物的阴影增强了版面的空间感与层次感，使画面稳定且不失活泼。

满版型版式设计推荐

严谨

丰富

时尚

配色方案

双色配色

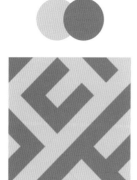

三色配色

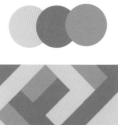

四色配色

曲线型版式就是将线条、图形、文字等视觉元素按照曲线的形态进行编排与设计，使人的视觉流程按照曲线的走向流动，给人一定的韵律感与节奏感。曲线型版式具有延展、变化的特点，具有流动、活跃的视觉特征。编排遵循一定的秩序，给人以轻快、流畅的视觉感受。曲线型版式能使人的视线按照曲线的走向流动，因此具有一定的指向性，能够很好地呈现主题思想。

特点：

■ 图文搭配，具有较强的呼吸性；

■ 曲线的视觉流程，可以增强版面的韵律感和节奏感；

■ 曲线与弧形相结合，使画面更富有动感。

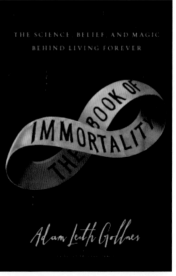

4.5.1　曲线型版式设计

曲线型的版式往往给人以活跃、流畅的视觉感受。版面中图片与文字的设计多带有动势或夸张的元素。曲线的视觉流程具有一定的指向性，一方面引导读者的视线，另一方面给观者一定的想象空间，使版面形成更为丰富的视觉感受。

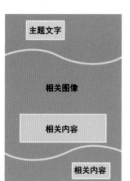

设计理念： 这是一本杂志的内页设计，采用曲线型的版式，增强了版面的趣味性。版面版式清晰，留白为画面增加了活力，文字采用骨骼型编排方式，使画面保持了稳定性。

色彩点评： 整个版面以白色为背景，蓝色为辅助色，给人以清新、舒适的感觉。

■ 画面版式清晰，色彩的搭配很好地抓住了人们的视线。

■ 曲线状的色块编排增强了版面的活跃度。

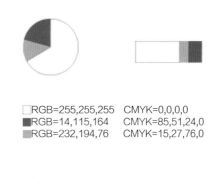

　RGB=255,255,255　CMYK=0,0,0,0
　RGB=14,115,164　CMYK=85,51,24,0
　RGB=232,194,76　CMYK=15,27,76,0

主标题文字围绕动物以曲线型进行排版，增强了版面的活跃性与动感。绿色的背景色，给人以清新、自然、放松的视觉感受。

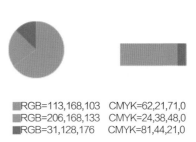

　RGB=113,168,103　CMYK=62,21,71,0
　RGB=206,168,133　CMYK=24,38,48,0
　RGB=31,128,176　CMYK=81,44,21,0

该版面背景留白较多，简洁明了，给人以直观清晰的视觉感受。视觉元素运用的色彩较丰富，使画面活跃且鲜明。

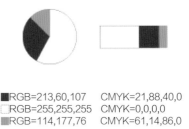

■RGB=213,60,107 CMYK=21,88,40,0
□RGB=255,255,255 CMYK=0,0,0,0
■RGB=114,177,76 CMYK=61,14,86,0

4.5.2 曲线型版式的设计技巧——增添创意设计

创意既可在主题内容上进行，也可以在内容编排上进行。创意设计可以抓住众人的阅读心理，达到更好的宣传效果。

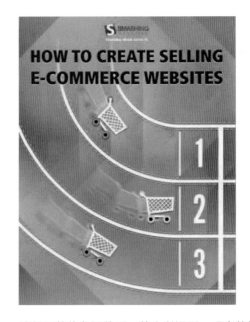

该版面使用红、白、黑三色进行搭配，对比鲜明，增强了画面的视觉冲击力。曲线的立体效果丰富了画面的层次感，从下至上的圆环的叠放加强了版面的稳定性。

该版面整体色调偏暖，给人以温暖、明亮的视觉感受。赛道的设计增强了画面的艺术感和运动感，版面上方的文字居中排版，保持了画面的稳定性。

曲线型版式设计推荐

严谨

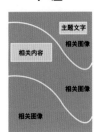

活泼

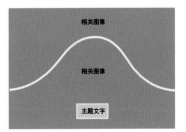

醒目

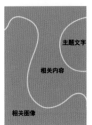

配色方案

双色配色

三色配色

四色配色

曲线型版式设计赏析

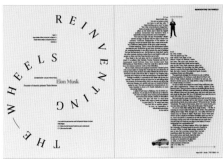

倾斜型版式即将版面中的主体形象、图像、文字等视觉元素按照斜向的视觉流程进行编排设计，使版面产生强烈的动感和不安定感，是一种非常个性的版式方式，较为引人注目。在运用倾斜型版式时，要严格按照主题内容来确定版面元素的倾斜程度与重心，使版面整体既有理性，又具有动感效果。

特点：

■ 将版面中的视觉元素按照斜向的视觉流程进行编排，画面动感十足；

■ 版面倾斜不稳定，具有较强的节奏感，能给人留下深刻的视觉印象。

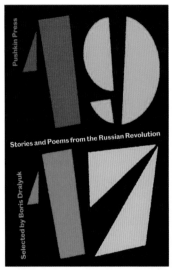

4.6.1　倾斜型版式设计

　　倾斜型的版式是一种非常有个性的版式，版面中图片与文字按照斜向的视觉流程进行编排，使版面产生强烈的动感。倾斜型版式较为引人注目，能给人留下深刻的视觉印象。

　　设计理念： 这是一本杂志内页的版式设计。版面中文字整体呈斜向，画面动感十足。文字的字号大小主次分明、清晰醒目。背景建筑遮挡住天空，将读者的视线聚拢在版面中心，同时文字部分位于版面中心，能够将信息直接传达给读者。

　　色彩点评： 黑色的文字醒目突出，使信息直观清晰地呈现。整体色调呈黑色，给人以冒险、神秘、未知的感觉。

- 文字与图像的斜向编排增强了版面的不稳定性。
- 文字位于图像明亮处，给人以直观清晰的视觉感受。

■RGB=223,234,245　CMYK=15,6,2,0　■RGB=2,14,17　CMYK=94,85,82,73

　　该版面使用深灰色的背景，突出了前景的主体文字，使文字清晰可见。文字的倾斜设计增强了版面的活跃度。红色字体的运用使版面更加饱满，与深色背景搭配能给人以紧张、神秘的视觉感受。

■RGB=90,92,92　　　CMYK=71,62,60,12
□RGB=255,255,255　CMYK=0,0,0,0
■RGB=220,45,41　　CMYK=16,93,88,0

图像与文字倾斜摆放，增强了画面的不稳定性，使画面更具动感。文字的有序编排使画面不失平稳；标题文字与内容文字的字号、颜色、粗细的不同，使主题文字更加清晰、鲜明。

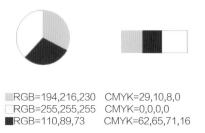

■ RGB=194,216,230　CMYK=29,10,8,0
□ RGB=255,255,255　CMYK=0,0,0,0
■ RGB=110,89,73　CMYK=62,65,71,16

4.6.2　倾斜型版式的设计技巧——版面简洁性

简洁即版面简明扼要，目的明确，且没有多余内容。版面的隐性信息多于显性信息，可以给人更多的想象空间，总能给人神秘、醒目的视觉印象。

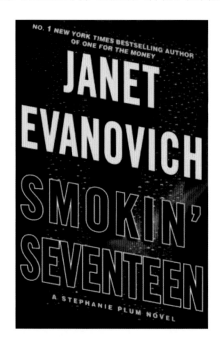

该版面以紫色为背景色，文字颜色突出且占据整个版面，条理清晰，文字的倾斜排版使画面更加活跃。紫色与白色的搭配给人以神秘、深奥的感受。

该版面规整有序，图像与文字的斜向编排使版面整体呈现一种运动感，给人以愉悦、振奋的感受。

该版面简洁明了，不同颜色的色块将版面分割，增强了版面的层次感。文字的倾斜编排使版面更加活跃、饱满，且细节丰富。

倾斜型版式设计推荐

严谨

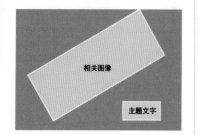

活泼

个性

配色方案

双色配色

三色配色

四色配色

倾斜型版式设计赏析

4.7 放射型

　　放射型版式按照一定的规律，将视觉元素从版面中某点向外散射，营造出较强的空间感，视觉冲击力强，这样的版式被称为放射型版式，也叫聚集式版式。

　　放射型版式使画面呈现由外而内的聚集感与由内而外的散发感，使版面视觉中心较为突出。

特点：

- 版面以散射点为重心，向外或向内散射，视觉中心突出，使人一目了然；
- 散射型的版面，使版面层次分明，可以体现版面空间感；
- 放射型版式可以增强版面的饱满感，细节丰富。

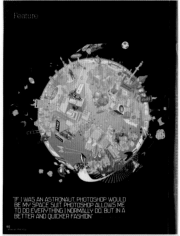

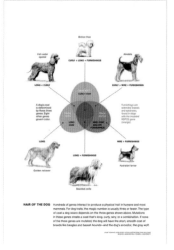

4.7.1　放射型版式设计

　　放射型版式有强烈的聚集感、散发感，版面视觉中心具有较强的突出感。文字以点、线、面的形式编排在版面中，可以更好地说明主题，使版面主题一目了然；同时也有点缀画面的作用，增强版面的艺术感。

设计理念： 这是国外一本美食杂志内页的版式设计。版面运用放射型版式，食材向文字聚拢并包围文字，将人的视线聚集在版面中心，使文字信息较为突出，一目了然。食材的环绕摆放，使版面呈现较强的聚拢感和层次感，同时增强了版面的艺术感。

色彩点评： 在黑色背景的衬托下前景文字醒目突出，使信息直观清晰地呈现。丰富的色彩搭配使画面鲜活、生动，给人以生动、鲜活、赏心悦目的视觉感受。

- 黑色的背景与浅色的文字对比强烈，使文字更加突出，主题明确，让人一目了然。
- 食材的环绕排版丰富了版面细节，增强了版面的艺术性。

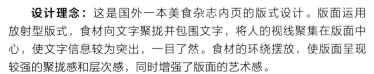

■RGB=20,20,18　CMYK=86,81,83,70　■RGB=219,183,69　CMYK=21,31,79,0

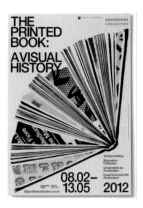

　　该版面采用放射型版式，画面和谐统一，视觉吸引力强。文字的骨骼型排版保持了画面的稳定性，给人以清晰、规整、和谐的视觉感受。

■RGB=26,60,39　CMYK=87,64,91,46　■RGB=28,27,27　CMYK=84,80,79,65

该版面中线条的散射型编排，使版面形成了较强的空间感。对线条进行发光处理，给人以神秘、科幻的感觉。文字的骨骼型编排使画面保持了平衡性。

■RGB=219,220,54 CMYK=23,8,84,0 ■RGB=7,6,8 CMYK=91,87,85,76

4.7.2 放射型版式的设计技巧——多种颜色进行色彩搭配

多种颜色的色彩搭配可以使视觉元素之间的关系更为微妙，使版面更加生动，富有变化；多种颜色的色彩搭配也是极其大胆的设计方案。

该版面采用放射型版式，将人的视线集中在中间，使中心的卡通形象醒目突出。其他元素向外散射，增强了画面的动感和层次感。版面色调统一，整体呈暖色，给人以和谐、亲切的感觉。文字编排简洁明了，使版面信息直观清晰。版面下方红色色块的运用，能起到点缀画面的作用，增强了版面的活跃性。

画面中的色彩饱和度较高，视觉冲击力强，画面鲜活，给人以热烈、绚丽的视觉感受。

放射型版式设计推荐

严谨

活泼

个性

配色方案

双色配色

三色配色

四色配色

放射型版式设计赏析

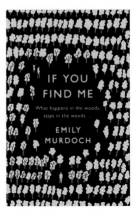

4.8 三角形

三角形版式是将主要视觉元素呈现为三角形的形态，或是放置在版面中某三个重要位置，使其在视觉特征上形成三角形。在所有图形中，三角形是极具稳定性的图形。三角形版式可分为正三角、倒三角和斜三角三种类型。正三角形版式的版面有稳定、安全的视觉特征；而倒三角形与斜三角形则使版面更加灵活且具有动感。

特点：

- 版面中的重要视觉元素形成三角形，具有平稳、均衡的视觉特征；
- 正三角形版式具有稳定、安全的视觉特征；
- 版面版式简洁明了，备受设计师的青睐。

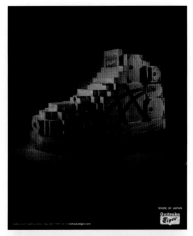

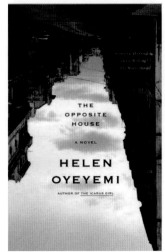

4.8.1　三角形版式设计

　　三角形的版式简洁明了，较容易突出主题，可以将信息直接清晰地传达出来。三角形版式还可以将视线集中在某一处，放大这一部分的信息。

设计理念： 这是国外一本杂志的内页。版面采用三角形版式方式，钢笔与图像进行组合，使视线集中在图像上，突出图像的神秘感，给人以想象的空间。运用墨点点缀画面，增强了版面的艺术性，使版面更加饱满。

色彩点评： 版面图像明度较低，给人以神秘、未知的感受。版面采用白色背景，文字信息较为突出、鲜明，给人以直观的视觉感受。

■　墨点的点缀使画面艺术感十足，引人注目。

■　三角形的版式使画面平稳、统一。

■　版面使用白色背景，突出文字，使人一目了然。

- □ RGB=255,255,255　CMYK=0,0,0,0
- ■ RGB=42,44,40　　　CMYK=80,74,77,53
- ■ RGB=139,88,79　　 CMYK=52,71,67,9

　　该版面中建筑构成三角形，画面和谐平稳，版面简洁醒目，将信息清晰地呈现出来。整体色调呈暖色，给人以简洁、温馨的视觉感受。

- ■ RGB=73,73,84　　　 CMYK=77,71,58,20
- ■ RGB=202,112,123　 CMYK=26,67,40,0
- ■ RGB=228,175,138　 CMYK=13,38,46,0

该版面中文字编排形成三角形版式，使画面平稳和谐。版面设计简洁、直观，使信息一目了然，整体给人以和谐、温馨的视觉感受。

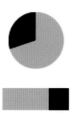

■RGB=10,18,9　CMYK=89,80,91,73　■RGB=177,194,162　CMYK=37,17,41,0

4.8.2　三角形版式的设计技巧——树立品牌形象

　　良好的品牌形象是企业竞争的一大有力武器，宣传设计首先要树立良好、准确的品牌形象，精良的版面设计，可以给人较强的心理暗示，进而留下深刻的视觉印象。

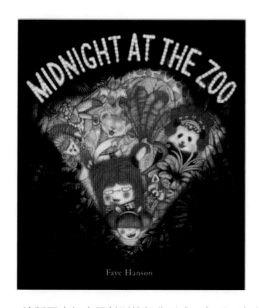

　　该版面中灯光照射到的部分形成三角形，突出这一部分画面。前景的图像与文字和背景明暗对比强烈，在突出主题文字的同时，使画面生动且趣味性十足，视觉冲击力强。

　　该版面中字母V的放大设计构成三角形，使视线集中在中间文字部分，突出信息，让人一目了然。阴影的设计增强了画面的空间感与层次感，使画面平稳的同时不失活跃。

版面中图像构成三角形版式，增强了版面的平衡感。西蓝花的拟人化设计与文字的变形设计，增强了版面的艺术感与趣味性。

三角形版式设计推荐

严谨

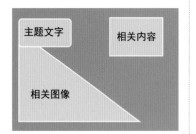

主题文字　相关内容

相关图像

活泼

相关图像

主题文字

个性

相关图像
主题文字

配色方案

双色配色

三色配色

四色配色

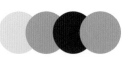

自由型版式在设计时没有任何限制，在版面版式中不需遵循任何规律，可以对版面中的视觉元素自由设计。自由型版式较为灵活、多变，设计时要准确把握整体协调性，在使版面活泼、多变的同时，保持画面的和谐、统一。自由型版式可以很好地展现创意。

特点：

■ 图形与文字的自由编排，使版面更加活泼、多变；

■ 视觉元素的创意编排与设计，使版面别具一格，引人注目。

4.9.1 自由型版式设计

自由型版式是一种非常灵活的版式，版面中图片与文字的编排不需要遵循规律，灵活多变，可以增强版面的趣味感和创意感，能给人留下深刻的视觉印象。

设计理念： 这是国外一本杂志的版式设计。文字与数字不规则编排，增强了版面的空间感与层次感，版面饱满，整体艺术感较强。

色彩点评： 版面采用白色背景，文字采用黑色与蓝色搭配，使版面清新、直观，给人以和谐、优雅的视觉感受。

- 文字的不规则编排，增强了版面的层次感，使版面饱满。
- 版面色彩搭配和谐，有着协调、优雅的视觉特征。

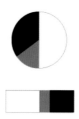

☐ RGB=255,255,255　CMYK=0,0,0,0
▨ RGB=40,141,173　CMYK=78,35,28,0
■ RGB=6,2,3　CMYK=90,87,87,78

该版面文字不规则编排，增强了版面的活跃性。字号大小的不同，使版面更具有韵律感。版面和谐、活跃，给人以直白醒目、生动有趣的视觉感受。

☐ RGB=244,243,238　CMYK=6,5,8,0　■ RGB=23,23,13　CMYK=84,79,91,70

在该版面中对图像进行自由编排，增强了版面的层次感和空间感，使版面饱满丰富，色调和谐统一，给人以温馨、宁静的视觉感受。文字编排规整有序，使版面平稳和谐。整个版面规整而不失活跃性，给人印象深刻。

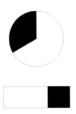

☐ RGB=255,255,255　CMYK=0,0,0,0　■ RGB=34,35,35　CMYK=83,78,76,59

4.9.2　自由型版式的设计技巧——运用色调营造主题氛围

色调就是版面整体的色彩倾向，不同的色彩有着不同的情感和氛围。在版面中，根据色彩的主观性来决定版面的色彩属性。主题主导着色调的使用，因此要根据主题决定版面的主体色调与整体色调。

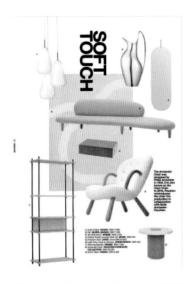

该版面元素采用自由编排方式，增强了画面的活跃性和自由感，给人以无拘无束、放松的感受。版面呈暖色调，给人以温馨、安宁的感受。

该版面文字与图像自由编排，增强了画面的趣味性。数字与文字的编排，使版面的层次感更强，更加饱满。版面采用白色背景，突出前景食物的颜色，给人新鲜、自然的感受。

该版面文字围绕中心图像自由编排，增强了画面的活跃度，使版面更加灵活、有趣。画面整体色彩纯度较低，给人以含蓄、内敛、和谐的视觉感受。

自由型版式设计推荐

严谨

活泼

个性

配色方案

双色配色

三色配色

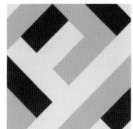

四色配色

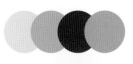

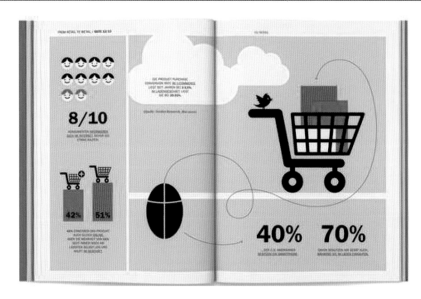

第5章
书籍装帧设计的形式设计

当我们打开书籍时，迎面扑来的墨香以及独特的阅读感受，是电子产品所无法替代的。书籍装帧设计的形式大致可分为结构设计、正文设计、装订形式等几个方面。

特点：

➢ 封面是整个书籍的视觉焦点与兴趣中心所在，具有很强的视觉吸引力。

➢ 书籍正文呈现效果的好坏，直接影响读者的阅读质量以及对书籍的印象。

➢ 不同的装订形式，可以为受众带去别样的阅读体验与视觉效果。

书籍装帧的整体结构，是书籍给受众留下第一印象的外在呈现载体。书籍装帧的结构形式主要包括封面、封底、书籍、腰封、目录、内页等。

5.1.1 封面

色彩调性：沉稳、雅致、纯净、奢华、丰富、清新、饱满。

常用主题色：

CMYK:0,86,81,0　　CMYK:100,99,52,16　　CMYK:0,15,82,0　　CMYK:23,91,18,0　　CMYK:29,30,30,0　　CMYK:7,68,58,0

常用色彩搭配

CMYK: 6,23,98,0　　　　CMYK: 26,69,93,0　　　　CMYK: 7,68,97,0　　　　CMYK: 32,41,4,0
CMYK: 51,96,100,33　　　CMYK: 24,1,59,0　　　　CMYK: 0,49,30,9　　　　CMYK: 65,20,29,0

铬黄与暗红色搭配，饱和度较高，容易给人积极向上的感觉。｜琥珀色加苹果绿，是一种健康、自然的色彩搭配方式，给人活力四射的印象。｜橘色搭配粉色，色彩饱和度较低，能给人带去温暖、富丽的视觉感受。｜淡紫色搭配纯度适中的青色，在柔和、浪漫之中又透露出些许的理性。

配色速查

沉稳	雅致	纯净	奢华

沉稳	雅致	纯净	奢华
CMYK: 100,98,26,0	CMYK: 66,22,41,0	CMYK: 93,88,89,80	CMYK: 41,51,5,5
CMYK: 37,28,35,0	CMYK: 82,65,67,27	CMYK: 12,9,9,0	CMYK: 57,74,7,0
CMYK: 80,76,53,17	CMYK: 11,56,9,0	CMYK: 84,61,0,0	CMYK: 78,100,13,0
CMYK: 66,73,66,25	CMYK: 9,7,6,0	CMYK: 52,28,4,0	CMYK: 43,35,33,0

这是多伦多交响乐团的画册设计。采用分割型的版式，将整个版面划分为两部分，为封面增添了些许的活跃与动感。

色彩点评

■ 封面整体以纯度偏高的红色为主，尽显交响乐团深厚的音乐底蕴。

■ 无彩色黑色的运用，增强了整体视觉稳定性。

CMYK: 11,96,100,0
CMYK: 16,32,64,0

CMYK: 89,86,90,78

推荐色彩搭配

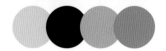

C: 13	C: 100	C: 25	C: 85	C: 20	C: 7	C: 47	C: 85	C: 29	C: 97	C: 24	C: 64
M: 11	M: 98	M: 22	M: 0	M: 15	M: 7	M: 57	M: 82	M: 100	M: 85	M: 17	M: 34
Y: 13	Y: 47	Y: 33	Y: 40	Y: 16	Y: 7	Y: 85	Y: 85	Y: 100	Y: 38	Y: 7	Y: 14
K: 0	K: 1	K: 0	K: 0	K: 0	K: 0	K: 3	K: 69	K: 1	K: 2	K: 0	K: 0

这是一款国外的书籍封面设计。采用分割型的版式，将其封面以带扣子的服饰作为展示主图，以极具创意的方式凸显出书籍的个性与时尚，十分引人注目。

色彩点评

■ 封面以明度偏低的红色为主，给人端庄、优雅的视觉感受。

■ 少量灰色的运用，在不同明、纯度的变化中，很好地增强了整体的稳定性。

CMYK: 50,96,85,25   CMYK: 93,89,87,79
CMYK: 63,52,40,0

在封面中间偏左部位呈现的文字，在主次分明之间将信息直接传达，同时丰富了整体的细节效果。

推荐色彩搭配

C: 68	C: 19	C: 39	C: 18	C: 0	C: 91	C: 38	C: 22	C: 88	C: 69	C: 28	C: 93
M: 20	M: 69	M: 31	M: 14	M: 82	M: 87	M: 30	M: 39	M: 62	M: 29	M: 10	M: 88
Y: 31	Y: 69	Y: 29	Y: 10	Y: 71	Y: 90	Y: 29	Y: 58	Y: 0	Y: 11	Y: 52	Y: 89
K: 0	K: 0	K: 0	K: 0	K: 0	K: 79	K: 0	K: 0	K: 0	K: 0	K: 0	K: 80

5.1.2 封底

色彩调性： 成熟、柔和、积极、平静、文艺、舒畅、强烈。

常用主题色：

| CMYK:15,71,98,0 | CMYK:57,23,100,0 | CMYK:14,10,11,0 | CMYK:85,62,32,0 | CMYK:11,9,96,0 | CMYK:83,79,96,71 |

常用色彩搭配

CMYK: 47,61,100,4
CMYK: 6,5,4,0

CMYK: 10,0,83,0
CMYK: 53,16,7,0

CMYK: 47,20,38,0
CMYK: 0,45,25,0

CMYK: 9,75,98,0
CMYK: 43,100,73,7

深棕色搭配浅灰色，在颜色一深一浅的对比中，给人沉稳、舒适之感。

黄色搭配天蓝色，在鲜明的对比中给人积极、醒目的感受，同时极具视觉吸引力。

青灰色具有成熟、稳重的色彩特征，搭配粉色增添了些许的柔和之感。

热烈的橘色与酒红色搭配，纯度较高，是一种充满魅力与热情的色彩搭配方式。

配色速查

成熟	柔和	积极	平静

CMYK: 87,68,40,2
CMYK: 45,100,95,15
CMYK: 25,17,9,0
CMYK: 58,32,15,0

CMYK: 7,63,51,0
CMYK: 66,23,30,0
CMYK: 20,15,15,0
CMYK: 5,2,50,0

CMYK: 80,63,58,14
CMYK: 17,58,96,0
CMYK: 85,51,77,12
CMYK: 16,12,12,0

CMYK: 0,26,22,0
CMYK: 48,26,5,0
CMYK: 31,27,34,0
CMYK: 33,70,76,0

这是一本书籍的封底设计。将无衬线字体以较大字号作为封面展示对象，给受众直观、醒目的视觉印象。

色彩点评

■ 整个封底以黑色为主，无彩色的运用，很好地增强了视觉稳定性。

■ 少量黄色的点缀，瞬间提高了封底的亮度。

CMYK: 82,83,90,71
CMYK: 16,18,58,0   CMYK: 0,18,68,0

推荐色彩搭配

C: 70	C: 11	C: 13	C: 95		C: 0	C: 18	C: 53	C: 42		C: 91	C: 23	C: 35	C: 0
M: 20	M: 9	M: 18	M: 89		M: 26	M: 7	M: 27	M: 33		M: 57	M: 15	M: 25	M: 18
Y: 40	Y: 7	Y: 89	Y: 85		Y: 22	Y: 7	Y: 1	Y: 36		Y: 100	Y: 60	Y: 95	Y: 68
K: 0	K: 0	K: 0	K: 78		K: 0	K: 0	K: 0	K: 0		K: 34	K: 0	K: 0	K: 0

这是L'ADN n° 5的简洁画册封底设计。采用满版型的版式，将人物图像作为封底展示主图，具有很强的视觉吸引力。

色彩点评

■ 封底以纯度和明度适中的蓝灰色为主，给人优雅、稳重的视觉印象。

■ 适当蓝色的运用，以较高的明度为封底增添了些许的浪漫与活力。

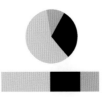

CMYK: 18,12,7,0   CMYK: 100,98,49,2
CMYK: 28,20,36,0

以矩形边框作为文字呈现的范围，极具视觉聚拢感，同时，主次分明的文字将信息直接传达。

推荐色彩搭配

C: 47	C: 29	C: 43	C: 13		C: 4	C: 89	C: 56	C: 58		C: 3	C: 5	C: 41	C: 34
M: 100	M: 67	M: 55	M: 27		M: 38	M: 89	M: 62	M: 73		M: 32	M: 8	M: 9	M: 0
Y: 74	Y: 82	Y: 11	Y: 23		Y: 96	Y: 87	Y: 60	Y: 86		Y: 16	Y: 34	Y: 3	Y: 38
K: 12	K: 0	K: 0	K: 0		K: 0	K: 77	K: 4	K: 28		K: 0	K: 0	K: 0	K: 0

5.1.3　书脊

色彩调性： 活力、纯净、统一、稳重、雅致、个性、柔和。

常用主题色：

| CMYK:16,70,49,0 | CMYK:54,100,100,45 | CMYK:34,1,100,0 | CMYK:82,59,0,0 | CMYK:63,55,53,2 | CMYK:2,35,2,0 |

常用色彩搭配

CMYK: 31,48,100,0
CMYK: 44,94,36,0

CMYK: 80,20,36,0
CMYK: 34,15,20,0

CMYK: 80,52,100,18
CMYK: 88,49,39,0

CMYK: 3,68,97,0
CMYK: 10,41,65,0

黄褐搭配蝴蝶花紫，给人一种老旧、怀念之感，运用在复古风格作品中最为合适。

青色具有纯净、素雅的色彩特征，在同类色的对比中，给人统一、和谐的印象。

明度偏低的绿色搭配青色，在对比之中给人理性、环保的视觉感受。

纯度和明度适中的橙色搭配粉色，在邻近色的对比中，给人柔和、亲近之感。

配色速查

活力	纯净	统一	稳重

CMYK: 7,32,80,0
CMYK: 52,1,82,0
CMYK: 9,86,67,0
CMYK: 86,53,7,0

CMYK: 88,45,99,7
CMYK: 14,9,6,0
CMYK: 75,26,0,0
CMYK: 52,5,51,0

CMYK: 4,26,50,0
CMYK: 5,38,72,0
CMYK: 6,51,93,0
CMYK: 41,65,100,2

CMYK: 82,79,78,62
CMYK: 48,79,73,10
CMYK: 36,27,21,0
CMYK: 13,22,83,0

这是工作室画册的书脊设计。将由简单几何图形构成的简笔插画作为展示主图，营造了满满的活跃与动感氛围。

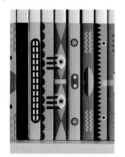

色彩点评

■ 黄色、红色、绿色等色彩的运用，颜色对比鲜明，十分引人注目。

■ 少量黑色的点缀，最大限度地增强了视觉稳定性。

CMYK: 7,17,85,0
CMYK: 70,0,83,0

CMYK: 3,60,6,0
CMYK: 53,13,12,0

推荐色彩搭配

C: 92	C: 85	C: 11	C: 13
M: 89	M: 44	M: 87	M: 52
Y: 89	Y: 0	Y: 91	Y: 93
K: 80	K: 0	K: 0	K: 0

C: 75	C: 16	C: 56	C: 48
M: 13	M: 39	M: 15	M: 100
Y: 6	Y: 100	Y: 100	Y: 100
K: 0	K: 0	K: 0	K: 33

C: 0	C: 35	C: 85	C: 18
M: 99	M: 100	M: 91	M: 26
Y: 100	Y: 100	Y: 87	Y: 11
K: 0	K: 3	K: 77	K: 0

这是一本图书的书脊设计。采用对称的版式，将文字在书脊中间位置呈现，具有直观、醒目的视觉效果。而且，上下两端相对对称的图形元素，为书籍增添了些许的活力。

色彩点评

■ 书脊以纯度偏高的姜黄色和橄榄绿为主，营造了浓浓的复古氛围，尽显独具风格的地域风情。

■ 少量白色的点缀，很好地提高了书脊的亮度。

CMYK: 65,64,100,26 CMYK: 44,38,100,0
CMYK: 84,70,100,60

书脊中简笔画的添加，丰富了整体的细节效果。而且，衬线字体的运用，尽显书籍的文艺、优雅气息。

推荐色彩搭配

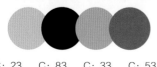

C: 23	C: 83	C: 33	C: 53
M: 13	M: 85	M: 16	M: 44
Y: 14	Y: 93	Y: 64	Y: 100
K: 0	K: 75	K: 0	K: 0

C: 88	C: 12	C: 33	C: 14
M: 47	M: 67	M: 26	M: 9
Y: 91	Y: 24	Y: 46	Y: 4
K: 10	K: 0	K: 0	K: 0

C: 18	C: 80	C: 23	C: 91
M: 29	M: 25	M: 45	M: 90
Y: 56	Y: 31	Y: 100	Y: 85
K: 0	K: 0	K: 0	K: 78

5.1.4 腰封

色彩调性： 朴实、理性、安定、醒目、活跃、稳定、理智。

常用主题色：

CMYK:3,68,97,0　　CMYK:93,58,69,19　　CMYK:10,41,25,0　　CMYK:76,93,25,0　　CMYK:42,30,81,0　　CMYK:56,29,16,0

常用色彩搭配

CMYK: 52,0,11,0
CMYK: 29,0,87,0

CMYK: 4,7,86,0
CMYK: 64,3,22,0

CMYK: 56,27,100,0
CMYK: 0,80,64,0

CMYK: 60,81,0,0
CMYK: 64,0,47,0

纯度偏低的青色搭配浅绿色，给人活跃、积极的印象，十分引人注目。

黄色搭配蓝色，颜色对比鲜明，极具春天的特征，深受人们喜爱。

明度偏低的绿色搭配红色，互补色的运用给人很强的视觉冲击力。

紫色搭配青色，在冷色调的颜色对比中给人优雅而不失个性的视觉体验。

配色速查

朴实	理性	安定	醒目
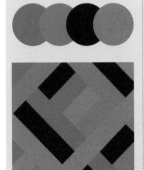			
CMYK: 48,40,36,0 CMYK: 41,37,34,0 CMYK: 39,90,88,4 CMYK: 24,37,58,0	CMYK: 19,14,14,0 CMYK: 79,74,72,46 CMYK: 88,48,59,3 CMYK: 100,65,67,0	CMYK: 72,18,38,0 CMYK: 37,56,57,0 CMYK: 75,59,43,1 CMYK: 71,41,89,2	CMYK: 5,78,64,0 CMYK: 35,24,16,0 CMYK: 66,52,43,0 CMYK: 88,58,5,0

这是一本杂志的腰封设计。整个腰封以木质纹理为背景，营造了浓浓的古朴、稳重氛围，刚好与餐厅的整体格调相吻合。

色彩点评

■ 腰封以纯度偏高的深棕色为主，给人稳重、成熟的印象，十分容易拉近与受众的距离。

■ 少量白色的点缀，很好地提高了腰封的亮度，十分引人注目。

CMYK: 69,91,89,65   CMYK: 11,50,97,0
CMYK: 7,15,70,0

推荐色彩搭配

C: 54	C: 12	C: 29	C: 76	C: 43	C: 0	C: 4	C: 49	C: 56	C: 71	C: 34	C: 7
M: 33	M: 42	M: 30	M: 86	M: 36	M: 69	M: 7	M: 63	M: 27	M: 45	M: 76	M: 58
Y: 4	Y: 60	Y: 30	Y: 96	Y: 31	Y: 55	Y: 86	Y: 59	Y: 100	Y: 100	Y: 100	Y: 100
K: 0	K: 0	K: 0	K: 70	K: 0	K: 0	K: 0	K: 2	K: 0	K: 4	K: 1	K: 0

这是一本国外书籍的腰封设计。整个腰封采用镂空的方式，具有很强的创意感与趣味性，同时也让其具有通透之感。

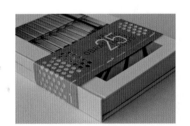

色彩点评

■ 腰封以纯度和明度适中的红色为主，为单调的灰色封面增添了一抹亮丽的色彩。

■ 少量深色的运用，增强了整体的视觉稳定性。

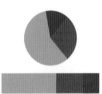

CMYK: 33,24,13,0   CMYK: 0,80,64,0
CMYK: 69,60,54,5

腰封中主次分明的文字将信息直接传达，同时也让其细节效果更加丰富。

推荐色彩搭配

C: 71	C: 38	C: 75	C: 78	C: 57	C: 43	C: 46	C: 39	C: 78	C: 67	C: 93	C: 0
M: 11	M: 71	M: 64	M: 56	M: 46	M: 65	M: 85	M: 38	M: 9	M: 0	M: 88	M: 85
Y: 36	Y: 59	Y: 42	Y: 100	Y: 49	Y: 87	Y: 100	Y: 43	Y: 43	Y: 39	Y: 89	Y: 87
K: 0	K: 0	K: 2	K: 24	K: 0	K: 3	K: 15	K: 0	K: 0	K: 0	K: 80	K: 0

5.1.5　目录

色彩调性： 精美、冷静、理智、诚恳、青春、舒适、阳光、畅快。

常用主题色：

CMYK:70,0,83,0　　CMYK:3,60,6,0　　CMYK:7,17,85,0　　CMYK:13,27,23,0　　CMYK:0,75,95,0　　CMYK:64,38,0,0

常用色彩搭配

CMYK: 32,6,7,0 CMYK: 19,45,77,0	CMYK: 64,38,0,0 CMYK: 8,58,57,0	CMYK: 93,88,89,80 CMYK: 45,100,65,7	CMYK: 0,81,100,0 CMYK: 24,18,21,0
苹果绿与草绿搭配，青春而富有生命力，给人年轻、知性的印象。	矢车菊蓝搭配嫩绿，明度偏高，这种配色偏向中性，给人以沉着、稳重的印象。	无彩色的黑色搭配纯度偏高的红色，给人稳重成熟的感受，同时又十分整洁。	明度较高的橙色，具有鲜明活跃的色彩特征。搭配灰色，具有很好的中和效果。

配色速查

精美	冷静	理智	诚恳

CMYK: 79,28,28,0 CMYK: 60,26,4,0 CMYK: 17,56,38,0 CMYK: 44,69,0,0	CMYK: 32,25,24,0 CMYK: 63,32,96,0 CMYK: 80,51,100,15 CMYK: 85,62,100,44	CMYK: 82,77,75,56 CMYK: 83,39,91,2 CMYK: 91,63,61,18 CMYK: 6,51,93,0	CMYK: 46,53,62,0 CMYK: 45,44,39,0 CMYK: 27,78,46,0 CMYK: 87,79,58,29

这是一本杂志画册的目录设计。将目录文字以较大的无衬线字体进行呈现，十分醒目。而且矩形边框的添加，极具视觉聚拢感。

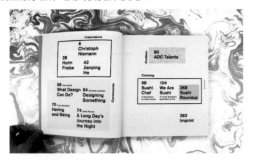

色彩点评

■ 整个目录页以白色为主，将文字进行清楚的凸显，使受众一目了然。

■ 少量粉色以及青色的添加，以较低的纯度，丰富了整体的色彩感。

CMYK: 7,1,21,0
CMYK: 34,2,22,0

CMYK: 9,16,6,0

推荐色彩搭配

C: 1	C: 44	C: 22	C: 88	C: 13	C: 7	C: 27	C: 17	C: 89	C: 20	C: 39	C: 64
M: 15	M: 35	M: 68	M: 89	M: 31	M: 3	M: 15	M: 60	M: 38	M: 14	M: 55	M: 0
Y: 0	Y: 33	Y: 31	Y: 71	Y: 56	Y: 5	Y: 26	Y: 85	Y: 87	Y: 7	Y: 0	Y: 47
K: 0	K: 0	K: 0	K: 61	K: 0	K: 0	K: 0	K: 0	K: 1	K: 0	K: 0	K: 0

这是一本书籍的目录设计。采用骨骼型的版式，将目录文字在左右两页进行整齐排列，为受众阅读提供了便利。

色彩点评

■ 整个目录页以黑色为主，无彩色的运用，将版面内容进行清楚的凸显。

■ 白色的运用，在与黑色的经典搭配中，给人大气、简约的印象。

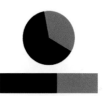

CMYK: 82,79,82,63 CMYK: 49,41,40,0
CMYK: 22,46,98,0

目录页中适当留白的设计，让整个版面有呼吸顺畅之感。而且较大字号的文字，能将信息直接传达。

推荐色彩搭配

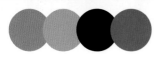

C: 52	C: 25	C: 93	C: 80	C: 74	C: 94	C: 44	C: 87	C: 3	C: 45	C: 69	C: 13
M: 24	M: 28	M: 88	M: 31	M: 67	M: 49	M: 5	M: 61	M: 22	M: 0	M: 60	M: 1
Y: 36	Y: 24	Y: 89	Y: 69	Y: 64	Y: 100	Y: 22	Y: 20	Y: 69	Y: 20	Y: 75	Y: 86
K: 0	K: 0	K: 80	K: 0	K: 2	K: 15	K: 0	K: 0	K: 0	K: 20	K: 19	K: 0

5.1.6　内页

色彩调性：简朴、醒目、古典、平和、欢乐、诚恳、热情。

常用主题色：

CMYK:0,94,60,0　　CMYK:64,0,19,0　　CMYK:91,89,88,79　　CMYK:0,56,27,0　　CMYK:17,0,83,0　　CMYK:51,39,39,0

常用色彩搭配

CMYK: 0,85,70,0　　　CMYK: 10,7,7,0　　　CMYK: 70,0,83,0　　　CMYK: 3,60,6,0
CMYK: 92,88,89,80　　CMYK: 82,76,34,0　　CMYK: 7,71,85,0　　　CMYK: 43,55,11,0

明度和纯度适中的红色，具有浪漫、热情的色彩特征，搭配黑色增强了稳定性。

浅灰色搭配纯度偏高的蓝色，在稳重、成熟之中透露出些许的通透之感。

绿色搭配橙色，是阳光积极的色彩搭配方式，营造了满满的生机与活力氛围。

紫色具有高雅神秘的色彩特征。在同类色对比中，给人统一而不失时尚的印象。

配色速查

简朴

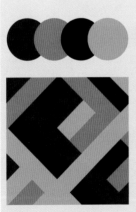

CMYK: 89,60,100,41
CMYK: 5,55,44.0
CMYK: 86,81,65,44
CMYK: 29,23,22,0

醒目

CMYK: 2,95,87,0
CMYK: 93,88,89,80
CMYK: 75,26,0,0
CMYK: 7,3,86,0

古典

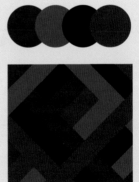

CMYK: 51,88,73,18
CMYK: 73,60,50,4
CMYK: 90,85,87,77
CMYK: 52,72,100,19

平和

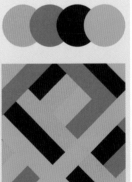

CMYK: 21,24,60,0
CMYK: 55,39,29,0
CMYK: 92,80,48,12
CMYK: 49,10,35,0

这是一款头发护理产品的画册内页设计。将产品在左侧页面进行呈现，直接表明了画册的宣传内容，使受众一目了然。

色彩点评

■ 内页以白色为主，将版面内容进行清楚的凸显，同时给人柔和、纯净的印象。

■ 少量青色、紫色的点缀，打破了纯色版面的枯燥与乏味。

CMYK: 82,29,29,0
CMYK: 52,82,4,0

CMYK: 59,22,2,0
CMYK: 0,49,14,0

推荐色彩搭配

C: 77	C: 62	C: 44	C: 50	C: 89	C: 24	C: 98	C: 78	C: 60	C: 7	C: 85	C: 71
M: 16	M: 44	M: 20	M: 59	M: 84	M: 18	M: 59	M: 32	M: 43	M: 68	M: 0	M: 95
Y: 26	Y: 51	Y: 78	Y: 64	Y: 84	Y: 17	Y: 99	Y: 100	Y: 33	Y: 58	Y: 90	Y: 20
K: 0	K: 0	K: 0	K: 2	K: 73	K: 0	K: 39	K: 0	K: 0	K: 0	K: 0	K: 0

这是一款灶具品牌的画册内页设计。将产品的局部细节效果作为左侧页面的展示主图，直接表明了画册的宣传内容。同时也可以让受众对产品细节有更为清楚的了解，十分容易获得受众对品牌的信赖。

色彩点评

■ 内页以产品本色为主，尽显产品独特的金属质感，同时也表明企业稳重成熟的经营理念。

■ 少量绿色的点缀，在不同明、纯度的变化中，给人健康、环保的视觉印象。

CMYK: 78,71,76,44   CMYK: 88,66,100,54
CMYK: 63,30,100,0   CMYK: 83,53,100,19

在右侧版面中整齐排列的文字，一方面将信息直接传达，另一方面丰富了整体的细节效果。

推荐色彩搭配

C: 97	C: 64	C: 89	C: 29	C: 24	C: 46	C: 0	C: 41	C: 33	C: 77	C: 91	C: 79
M: 60	M: 3	M: 84	M: 0	M: 44	M: 2	M: 52	M: 9	M: 32	M: 77	M: 64	M: 33
Y: 100	Y: 22	Y: 84	Y: 87	Y: 94	Y: 50	Y: 85	Y: 3	Y: 41	Y: 82	Y: 100	Y: 88
K: 42	K: 0	K: 73	K: 0	K: 0	K: 0	K: 0	K: 0	K: 0	K: 58	K: 52	K: 0

5.2 书籍装帧的正文设计

相对于书籍的外在包装，正文设计具有更高的要求。书籍装帧的正文设计包括字体、字号与行间距，以及图形、图像、插画、留白、版式等。

5.2.1 字体、字号与行间距

色彩调性： 舒畅、美味、淳朴、饱满、活跃、醒目、张扬。

常用主题色：

| CMYK:18,62,84,0 | CMYK:49,14,88,0 | CMYK:22,73,35,0 | CMYK:11,31,91,0 | CMYK:96,77,0,0 | CMYK:0,62,62,0 |

常用色彩搭配

CMYK: 93,88,89,88
CMYK: 8,58,57,0

CMYK: 0,3,8,0
CMYK: 19,45,77,0

CMYK: 6,56,94,0
CMYK: 75,34,15,0

CMYK: 17,77,43,0
CMYK: 5,20,0,0

阳橙搭配深绿色，散发出独具活力和朝气的吸引力，使消费者为其倾倒。

金与暗红色搭配，是一种可以凸显高贵、华丽的色彩搭配方式，常用于精致的礼品包装中。

胭脂红与蝴蝶花紫搭配，这种配色非常热烈，具有艳丽、典雅的魅力。

威尼斯红搭配铬黄，饱和度极高，给人强烈的视觉冲击力，十分引人注目。

配色速查

舒畅	美味	淳朴	饱满

CMYK: 13,11,13,0	CMYK: 19,46,96,0	CMYK: 82,78,74,55	CMYK: 88,48,83,0
CMYK: 16,33,71,0	CMYK: 29,22,21,0	CMYK: 49,79,86,16	CMYK: 77,27,29,0
CMYK: 68,47,35,0	CMYK: 44,99,68,6	CMYK: 54,52,98,5	CMYK: 3,74,63,0
CMYK: 97,88,33,0	CMYK: 43,90,100,9	CMYK: 98,87,53,25	CMYK: 64,100,56,2

这是一款服饰品牌目录画册的内页设计。将身穿服饰的模特作为展示主图，给受众直观醒目的视觉冲击力。而且较大字号的无衬线字体，将信息直接传达，是整个版面的视觉焦点所在。

色彩点评

- 内页以无彩色的灰色为主，在不同明、纯度的变化中，丰富了整体的视觉层次感。
- 少量白色的运用，很好地提高了内页的亮度。

CMYK: 14,30,16,0
CMYK: 25,20,15,0

CMYK: 78,77,68,42

推荐色彩搭配

C: 31	C: 24	C: 100	C: 82	C: 13	C: 17	C: 75	C: 100	C: 19	C: 82	C: 20	C: 44
M: 34	M: 17	M: 93	M: 90	M: 11	M: 41	M: 46	M: 87	M: 58	M: 58	M: 19	M: 56
Y: 34	Y: 10	Y: 62	Y: 91	Y: 13	Y: 77	Y: 31	Y: 20	Y: 51	Y: 0	Y: 91	Y: 47
K: 0	K: 0	K: 39	K: 76	K: 0	K: 0	K: 0	K: 0	K: 0	K: 0	K: 0	K: 0

这是一本书籍的装帧设计。将较大字号的无衬线字体作为封面展示主图，在整齐排列中将信息直接传达。而且合适的间距设置，为受众阅读提供了便利。

色彩点评

- 封面以无彩色的黑色为主，给人稳重、大气的感受。
- 红色、黄色、绿色等色彩的运用，在对比之中丰富了封面的色彩感。

CMYK: 91,87,83,74
CMYK: 45,100,62,6

CMYK: 30,20,79,0
CMYK: 100,76,33,0

在封面右下角添加的小文字，丰富了整体的细节效果。同时，适当留白的设计，让封面具有很强的视觉通透感。

推荐色彩搭配

C: 13	C: 41	C: 27	C: 38	C: 93	C: 76	C: 52	C: 73	C: 92	C: 100	C: 4	C: 41
M: 56	M: 100	M: 62	M: 58	M: 89	M: 37	M: 0	M: 60	M: 89	M: 21	M: 3	M: 9
Y: 100	Y: 73	Y: 30	Y: 87	Y: 85	Y: 0	Y: 11	Y: 51	Y: 89	Y: 80	Y: 3	Y: 3
K: 0	K: 5	K: 0	K: 0	K: 77	K: 0	K: 0	K: 5	K: 80	K: 0	K: 0	K: 0

5.2.2 图形

色彩调性：温和、优美、秀丽、光辉、柔和、雅致。

常用主题色：

CMYK:90,83,33,1　CMYK:15,59,70,0　CMYK:28,72,43,0　CMYK:13,6,47,0　CMYK:71,57,100,22　CMYK:58,10,29,0

常用色彩搭配

CMYK: 90,83,33,1
CMYK: 56,13,59,0

CMYK: 28,72,43,0
CMYK: 39,56,0,0

CMYK: 13,6,47,0
CMYK: 75,15,42,0

CMYK: 58,10,29,0
CMYK: 14,69,82,0

明度偏低的蓝色搭配绿色，冷色调的运用，可以起到很好的镇静作用。

灰玫红加紫藤，是一种优雅、舒适的颜色，能让人感受到温馨、浪漫的情怀。

香槟黄加孔雀绿，视觉效果清新、素雅，应用于设计中能使画面简洁、和谐。

青色搭配橘色，明度和纯度适中，在鲜明的颜色对比中，给人活跃、理智的印象。

配色速查

时尚	清脆	清新	高雅

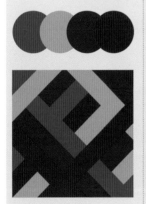   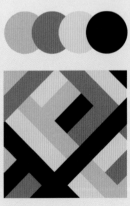

CMYK: 83,57,2,0
CMYK: 31,24,23,0
CMYK: 49,95,44,1
CMYK: 53,71,100,19

CMYK: 26,92,83,0
CMYK: 39,75,92,3
CMYK: 60,42,89,1
CMYK: 25,13,15,0

CMYK: 44,8,7,0
CMYK: 19,12,91,0
CMYK: 15,9,8,0
CMYK: 6,51,51,0

CMYK: 17,28,4,0
CMYK: 42,49,11,0
CMYK: 8,12,29,0
CMYK: 77,77,68,43

这是一本餐厅的食谱画册封面设计。采用一个圆形作为文字呈现载体，具有很强的视觉聚拢感，同时也让整体的细节效果更加丰富。

色彩点评

■ 封面以红色为主，偏低的明度可以给人稳重而不失时尚与个性的印象。

■ 少量浅色的点缀，具有很好的中和效果，同时也提高了封面的亮度。

CMYK: 20,97,93,0
CMYK: 51,99,100,34

CMYK: 13,11,27,0

推荐色彩搭配

C: 25	C: 27	C: 24	C: 71
M: 13	M: 53	M: 98	M: 58
Y: 15	Y: 64	Y: 91	Y: 100
K: 0	K: 0	K: 0	K: 23

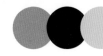

C: 37	C: 91	C: 11	C: 13
M: 29	M: 63	M: 3	M: 24
Y: 28	Y: 100	Y: 62	Y: 38
K: 0	K: 48	K: 0	K: 0

C: 20	C: 24	C: 82	C: 59
M: 36	M: 19	M: 73	M: 22
Y: 100	Y: 18	Y: 67	Y: 100
K: 0	K: 0	K: 38	K: 0

这是一本工作室画册的内页设计。将由简单几何图形构成的图案作为展示主图，看似凌乱无序的摆放，却具有别样的时尚与个性。

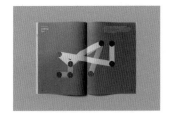

色彩点评

■ 内页以纯度和明度适中的蓝色为主，给人理性、稳重的视觉感受。

■ 少量橙色、紫色的点缀，在对比中打破了纯色背景的单调与乏味，十分引人注目。

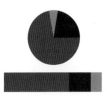

CMYK: 86,56,0,0
CMYK: 12,37,93,0

CMYK: 44,100,35,0

在内页左上角和右上角呈现的文字，将信息直接传达，同时也让整体的细节效果更加丰富。

推荐色彩搭配

C: 33	C: 23	C: 99	C: 3
M: 26	M: 22	M: 72	M: 22
Y: 25	Y: 10	Y: 13	Y: 69
K: 0	K: 0	K: 0	K: 0

C: 32	C: 17	C: 99	C: 42
M: 100	M: 9	M: 72	M: 31
Y: 100	Y: 7	Y: 13	Y: 22
K: 1	K: 0	K: 0	K: 0

C: 13	C: 95	C: 72	C: 20
M: 9	M: 51	M: 9	M: 43
Y: 9	Y: 100	Y: 86	Y: 42
K: 0	K: 20	K: 0	K: 0

5.2.3　图像

色彩调性：素雅、安稳、复古、醒目、平和、纯净。

常用主题色：

CMYK:45,100,24,0　CMYK:7,78,100,0　CMYK:59,18,100,0　CMYK:1,91,65,0　CMYK:64,4,9,0　CMYK:65,51,54,3

常用色彩搭配

CMYK: 74,100,31,0
CMYK: 43,55,11,0

CMYK: 12,45,26,0
CMYK: 96,91,80,75

CMYK: 91,79,9,0
CMYK: 12,86,50,0

CMYK: 23,18,79,0
CMYK: 87,44,73,40

紫色独具时尚与个性，在同类色的搭配中，营造了浓浓的浪漫氛围，十分引人注目。

粉色一般给人甜美、柔和的视觉感受。而搭配灰色将其凸显得更加纯净，同时也增添了些许的稳定感。

纯度和明度适中的蓝色搭配红色，在鲜明的颜色对比中，尽显活力与动感。

纯度偏低的橙色搭配绿色，具有健康、天然的色彩特征。这种色彩搭配多用在与食品相关的设计中。

配色速查

素雅	安稳	复古	醒目

  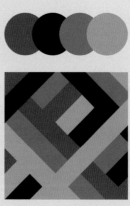 

CMYK: 14,12,8,0
CMYK: 71,68,65,23
CMYK: 36,46,66,0
CMYK: 39,31,29,0

CMYK: 29,99,100,1
CMYK: 58,47,100,3
CMYK: 80,75,71,47
CMYK: 9,7,6,0

CMYK: 26,65,59,0
CMYK: 84,77,55,22
CMYK: 60,34,46,0
CMYK: 34,25,19,0

CMYK: 62,29,11,0
CMYK: 6,55,73,0
CMYK: 88,61,0,0
CMYK: 81,21,95,0

这是一款餐具品牌的产品画册内页设计。将产品作为展示主图，直接表明了画册的宣传内容，给受众直观醒目的视觉印象。

色彩点评

■ 画册以无彩色的白色为主，将版面内容进行清楚的凸显，同时给人精致、时尚的感受。

■ 深蓝色的运用，尽显产品的厚重与古韵，同时也增强了整体的稳定性。

CMYK：13,24,30,0
CMYK：14,13,18,0

CMYK：100,99,52,16

推荐色彩搭配

C: 69	C: 59	C: 82	C: 10
M: 58	M: 53	M: 76	M: 7
Y: 100	Y: 60	Y: 34	Y: 7
K: 22	K: 2	K: 0	K: 0

C: 18	C: 70	C: 73	C: 1
M: 24	M: 9	M: 58	M: 67
Y: 27	Y: 1	Y: 16	Y: 2
K: 0	K: 0	K: 0	K: 0

C: 92	C: 0	C: 64	C: 18
M: 88	M: 85	M: 55	M: 14
Y: 89	Y: 70	Y: 100	Y: 13
K: 80	K: 13	K: 0	K: 0

这是一本画册的封面设计。将人物背影作为展示主图，独特的造型给人优雅、时尚的印象。而且矩形的呈现范围，具有很强的视觉聚拢感。

色彩点评

■ 封面以白色为背景色，将版面内容进行清楚的凸显，同时营造了纯净、通透的视觉氛围。

■ 少量深色的点缀，增强了整体的视觉稳定性。

CMYK：16,12,11,0   CMYK：45,40,21,0
CMYK：73,68,68,27

在封面中主次分明的文字，将信息直接传达。而且，适当留白的运用，为受众阅读提供了便利。

推荐色彩搭配

C: 51	C: 79	C: 42	C: 0
M: 39	M: 73	M: 32	M: 55
Y: 39	Y: 71	Y: 53	Y: 18
K: 0	K: 43	K: 0	K: 0

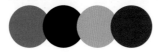

C: 73	C: 84	C: 28	C: 2
M: 33	M: 81	M: 22	M: 100
Y: 16	Y: 84	Y: 20	Y: 100
K: 0	K: 68	K: 0	K: 0

C: 38	C: 13	C: 86	C: 49
M: 0	M: 93	M: 71	M: 87
Y: 35	Y: 98	Y: 0	Y: 0
K: 0	K: 0	K: 0	K: 0

5.2.4　插画

色彩调性：镇静、舒适、张扬、优美、活力、开阔。

常用主题色：

CMYK:3,11,64,0　　CMYK:16,7,7,0　　CMYK:97,99,73,66　　CMYK:4,1,91,0　　CMYK:55,30,0,0　　CMYK:84,37,100,1

常用色彩搭配

CMYK: 88,40,44,0
CMYK: 12,49,0,0

CMYK: 0,80,52,0
CMYK: 40,44,40,0

CMYK: 84,37,100,1
CMYK: 8,6,9,0

CMYK: 49,100,100,26
CMYK: 22,15,88,0

青色搭配紫色，在冷暖色调的鲜明对比中，给人稳重而不失时尚与个性的视觉感受。

纯度偏低的红色，给人满满的活力感。搭配纯度和明度适中的灰色，可以获得较为稳定的视觉效果。

草绿色搭配浅灰色较为常见，搭配效果醒目而不张扬，令人心旷神怡。

深红色与中黄搭配，较低明度的色彩进行搭配，营造了精致、高贵的氛围，十分引人注目。

配色速查

镇定	舒适	张扬	优美

 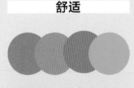    

CMYK: 13,28,92,0
CMYK: 62,24,66,0
CMYK: 81,77,76,56
CMYK: 53,30,0,0

CMYK: 24,37,41,0
CMYK: 27,28,50,0
CMYK: 5,51,27,0
CMYK: 52,5,27,0

CMYK: 9,75,99,0
CMYK: 85,50,21,0
CMYK: 11,98,56,0
CMYK: 90,54,100,26

CMYK: 44,94,40,0
CMYK: 34,57,42,0
CMYK: 13,40,21,0
CMYK: 81,86,84,72

这是一款童话书籍的内页设计。将书籍中的故事场景以插画的形式进行呈现，为儿童阅读提供了便利，同时也可以增强其对书籍的理解力。

色彩点评

- 内页以纯度偏低的棕色为主，在不同明、纯度的变化中，将版面内容进行清楚的凸显。
- 其他色彩的运用，在颜色对比中丰富了整体的色彩感。

CMYK: 44,88,100,10   CMYK: 56,60,25,0
CMYK: 0,56,27,0

推荐色彩搭配

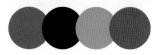

C: 58	C: 91	C: 57	C: 7		C: 64	C: 0	C: 0	C: 75		C: 81	C: 7	C: 41	C: 40
M: 50	M: 89	M: 7	M: 68		M: 0	M: 94	M: 75	M: 24		M: 33	M: 45	M: 6	M: 56
Y: 47	Y: 88	Y: 54	Y: 58		Y: 19	Y: 60	Y: 95	Y: 57		Y: 70	Y: 95	Y: 36	Y: 1
K: 0	K: 78	K: 0	K: 0		K: 0	K: 0	K: 0	K: 0		K: 0	K: 0	K: 0	K: 0

这是一款儿童教育手册的内页设计。将简笔插画人物手作为展示主图，以简单直白的方式表明了手册的宣内容与目标人群，同时也与手册的宣传主题相吻合。

色彩点评

- 内页以纯度和明度适中的橙色为主，具有很强的警示效果，十分引人注目。
- 少量绿色的点缀，在与橙色的鲜明对比中，凸显出对儿童保护的重要性。

CMYK: 79,29,69,0   CMYK: 8,47,97,0
CMYK: 9,7,7,0

主次分明的文字一方面将信息直接传达，另一方面让整个内页的细节效果更加丰富。

推荐色彩搭配

C: 29	C: 59	C: 78	C: 42		C: 58	C: 38	C: 92	C: 25		C: 49	C: 96	C: 74	C: 84
M: 22	M: 29	M: 47	M: 69		M: 48	M: 56	M: 100	M: 15		M: 53	M: 100	M: 67	M: 82
Y: 24	Y: 16	Y: 100	Y: 48		Y: 41	Y: 0	Y: 71	Y: 55		Y: 0	Y: 60	Y: 64	Y: 100
K: 0	K: 0	K: 9	K: 0		K: 0	K: 0	K: 63	K: 0		K: 0	K: 28	K: 22	K: 5

5.2.5　留白

色彩调性：舒畅、可靠、放松、活力、文静、雅致、稳重。

常用主题色：

CMYK:29,0,64,0　　CMYK:27,0,9,0　　CMYK:96,56,80,24　　CMYK:42,36,31,0　　CMYK:5,18,94,0　　CMYK:0,36,81,0

常用色彩搭配

CMYK: 9,27,56,0
CMYK: 53,22,32,0

明度偏低的橙色搭配蓝色，在颜色对比中给人柔和、朴实的印象，同时还可以很好地舒缓心情。

CMYK: 5,25,98,0
CMYK: 89,74,1,0

纯度偏低的黄色，十分引人注目。搭配明度适中的蓝色，在鲜明的颜色对比中，增强了视觉稳定性。

CMYK: 61,78,0,0
CMYK: 44,100,100,17

紫藤搭配酒红色，奢华又低调，在高贵的气质中散发着成熟女性的独特魅力。

CMYK: 8,80,90,0
CMYK: 5,46,64,0

橘色搭配沙棕色，同类色的搭配可以使画面和谐稳定，同时又不乏积极与活跃。

配色速查

舒畅	可靠	放松	活力

CMYK: 88,50,58,4 CMYK: 7,70,54,0 CMYK: 75,16,40,0 CMYK: 7,2,70,0	CMYK: 52,82,48,2 CMYK: 78,30,64,0 CMYK: 14,33,54,0 CMYK: 87,83,80,69	CMYK: 38,51,74,0 CMYK: 49,0,55,0 CMYK: 54,54,0,0 CMYK: 36,20,0,0	CMYK: 61,30,100,0 CMYK: 26,30,94,0 CMYK: 47,27,74,0 CMYK: 15,24,34,0

这是一款画册的内页设计。将主体对象在版面中间位置呈现，可以给受众留下直观、醒目的视觉印象。特别是周围适当留白的运用，为受众营造了良好的阅读和想象空间。

色彩点评

- 鲜黄色搭配浅蓝色，冷暖色调对比可以给人活跃、鲜艳且时尚的感受。
- 少量深色的点缀，很好地增强了版面的视觉稳定性。

CMYK: 46,0,19,0
CMYK: 65,55,51,1

CMYK: 0,15,93,0

推荐色彩搭配

C: 79	C: 83	C: 74	C: 27
M: 62	M: 45	M: 38	M: 18
Y: 53	Y: 76	Y: 38	Y: 32
K: 8	K: 5	K: 0	K: 0

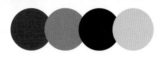

C: 0	C: 42	C: 47	C: 16
M: 89	M: 30	M: 88	M: 10
Y: 65	Y: 81	Y: 100	Y: 9
K: 0	K: 0	K: 18	K: 0

C: 34	C: 0	C: 79	C: 58
M: 0	M: 65	M: 33	M: 50
Y: 38	Y: 90	Y: 88	Y: 47
K: 0	K: 0	K: 0	K: 0

这是一款品牌的画册封面设计。将一个简单的正圆形作为封面展示主图在右下角呈现，极具简洁大方之美。而在左上角的文字，刚好与主图构成对角线的稳定版式。

色彩点评

- 封面以无彩色的白色为主，尽显书籍的纯净与时尚。
- 少量蓝色的点缀，为封面增添了一抹色彩，同时让整体的视觉效果更加强烈。

CMYK: 20,16,15,0   CMYK: 83,36,16,0
CMYK: 93,88,89,80

封面中大面积留白的运用，为受众阅读和想象提供了广阔的空间，同时也具有很强的通透之感。

推荐色彩搭配

C: 98	C: 0	C: 82	C: 69
M: 87	M: 86	M: 35	M: 45
Y: 82	Y: 81	Y: 16	Y: 100
K: 73	K: 0	K: 0	K: 4

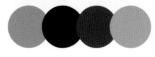

C: 31	C: 42	C: 36	C: 33
M: 28	M: 100	M: 74	M: 16
Y: 54	Y: 100	Y: 100	Y: 27
K: 0	K: 13	K: 2	K: 0

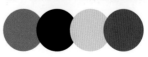

C: 50	C: 91	C: 14	C: 82
M: 41	M: 85	M: 11	M: 44
Y: 39	Y: 91	Y: 10	Y: 11
K: 0	K: 78	K: 0	K: 0

5.2.6　版式

色彩调性：平静、朴实、纯净、进发、镇定、积极、成熟。

常用主题色：

CMYK:73,77,0,0　CMYK:65,100,14,0　CMYK:18,100,55,0　CMYK:45,56,65,0　CMYK:0,36,81,0　CMYK:0,71,56,0

常用色彩搭配

CMYK: 91,59,100,38
CMYK: 0,13,47,0

纯度偏高的墨绿色，多给人神秘、沉闷的印象，而搭配纯度偏高的淡橘色则具有很好的中和效果。

CMYK: 76,7,37,0
CMYK: 58,21,100,0

青色搭配绿色，明度和纯度适中，在对比中给人理性、凉爽的感受，因此多用在夏季产品中。

CMYK: 2,25,96,0
CMYK: 0,91,76,0

暖色调的橙色和红色，具有积极、活跃的色彩特征，多用在儿童产品中，十分引人注目。

CMYK: 80,42,22,0
CMYK: 87,87,66,51

蓝色具有理性、安全的色彩特征。搭配纯度偏高的深蓝色，在同类色的对比中凸显出较强的统一性。

配色速查

平静	朴实	纯净	进发

CMYK: 10,26,91,0
CMYK: 51,28,0,0
CMYK: 76,38,86,1
CMYK: 84,80,76,62

CMYK: 5,16,17,0
CMYK: 25,46,54,0
CMYK: 39,61,75,1
CMYK: 67,63,63,14

CMYK: 75,26,0,0
CMYK: 96,78,9,0
CMYK: 73,7,73,0
CMYK: 85,40,100,3

CMYK: 93,89,35,2
CMYK: 0,93,82,0
CMYK: 5,8,10,0
CMYK: 7,3,86,0

这是一款家具品牌的目录画册内页设计。采用倾斜型的版式方式，将家具以俯拍的形式进行呈现，直接表明了画册的宣传内容，十分醒目。

色彩点评

■ 内页以不同明、纯度的蓝色为主，让版面具有很强的层次立体感。

■ 适当深色的点缀，很好地增强了整个版面的视觉稳定性。

CMYK: 26,9,10,0　　　　　　CMYK: 69,38,35,0
CMYK: 82,47,82,8

推荐色彩搭配

C: 47	C: 0	C: 78	C: 13
M: 42	M: 53	M: 47	M: 1
Y: 44	Y: 75	Y: 78	Y: 86
K: 0	K: 0	K: 6	K: 0

C: 9	C: 0	C: 76	C: 80
M: 53	M: 64	M: 93	M: 20
Y: 75	Y: 0	Y: 25	Y: 36
K: 0	K: 0	K: 0	K: 0

C: 28	C: 75	C: 80	C: 0
M: 10	M: 67	M: 31	M: 85
Y: 52	Y: 58	Y: 69	Y: 87
K: 0	K: 16	K: 0	K: 0

这是一款香水品牌的产品画册设计。采用对称型的版式，将产品在左右两个页面以相对对称的形式呈现，具有直观的视觉冲击力。

色彩点评

■ 内页以无彩色的黑色为主，将产品十分醒目地凸显出来，给人精致、奢华的印象。

■ 少量纯度偏高的橙色圆形气泡的点缀，丰富了整体的色彩质感，同时给人些许的活力与动感。

CMYK: 93,89,87,79　CMYK: 43,80,98,8
CMYK: 10,41,25,0

整个内页除了产品之外没有其他的装饰元素，为受众阅读提供了便利，同时也促进了品牌的宣传与推广。

推荐色彩搭配

C: 15	C: 87	C: 93	C: 3
M: 11	M: 89	M: 58	M: 68
Y: 11	Y: 89	Y: 69	Y: 97
K: 0	K: 78	K: 19	K: 0

C: 19	C: 100	C: 50	C: 47
M: 0	M: 56	M: 35	M: 17
Y: 94	Y: 1	Y: 35	Y: 0
K: 0	K: 0	K: 0	K: 0

C: 22	C: 38	C: 93	C: 4
M: 17	M: 15	M: 100	M: 0
Y: 16	Y: 100	Y: 58	Y: 68
K: 0	K: 0	K: 32	K: 0

书籍的装订形式包括精装、简装、散装、线装等。不同的装订形式会使作者产生不同的阅读体验，特别是精装书籍，还具有一定的收藏价值。

5.3.1　精装

色彩调性：醇厚、稳重、雅致、随和、清爽、镇静、安定。

常用主题色：

CMYK:89,42,49,0　　CMYK:5,67,74,0　　CMYK:64,58,64,8　　CMYK:93,88,89,80　　CMYK:8,29,97,0　　CMYK:58,0,80,0

常用色彩搭配

CMYK: 5,18,94,0
CMYK: 52,67,91,13

CMYK: 35,12,24,0
CMYK: 36,15,50,0

CMYK: 78,31,97,0
CMYK: 59,53,19,0

CMYK: 60,60,100,15
CMYK: 0,84,75,0

明度和纯度适中的黄色搭配棕色，在颜色一深一浅中给人醒目、直观的视觉印象。

淡蓝色具有飘逸、清凉的色彩特征，搭配明度偏低的青灰色，具有很强的稳定效果。

绿色搭配蓝色，同为冷色调的运用，在邻近色对比之中营造了环保、健康的视觉氛围。

红色是一种热情、活跃的色彩，十分受人欢迎。搭配纯度偏高的橄榄绿，具有很好的中和效果。

配色速查

醇厚	稳重	雅致	随和

CMYK: 9,9,28,0
CMYK: 52,63,98,11
CMYK: 53,23,18,0
CMYK: 74,67,71,30

CMYK: 0,58,70,0
CMYK: 84,79,72,55
CMYK: 30,47,54,0
CMYK: 74,20,42,0

CMYK: 27,21,20,0
CMYK: 19,35,43,0
CMYK: 81,76,74,53
CMYK: 12,9,9,0

CMYK: 16,34,92,0
CMYK: 5,5,41,0
CMYK: 86,90,63,48
CMYK: 67,61,32,0

这是一本书籍的装帧设计。整个封面以精装的形式呈现，给人厚重、古朴之感。特别是经过精心设计的文字的添加，让这种氛围更加浓厚。

色彩点评

■ 封面以纯度偏低的午夜蓝为主，给人醇厚、淡雅的视觉印象。

■ 少量浅色的点缀很好地提高了封面的亮度，同时也适当中和了沉闷感。

CMYK: 98,82,55,64
CMYK: 27,11,12,0

CMYK: 58,38,55,0

推荐色彩搭配

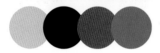

C: 20	C: 100	C: 0	C: 69
M: 9	M: 91	M: 65	M: 29
Y: 11	Y: 75	Y: 90	Y: 11
K: 0	K: 66	K: 0	K: 0

C: 89	C: 98	C: 46	C: 0
M: 90	M: 85	M: 0	M: 86
Y: 87	Y: 13	Y: 20	Y: 67
K: 78	K: 0	K: 0	K: 0

C: 0	C: 22	C: 72	C: 93
M: 61	M: 35	M: 7	M: 88
Y: 73	Y: 44	Y: 34	Y: 79
K: 0	K: 0	K: 0	K: 70

这是书籍的装帧设计。采用一个木质盒子作为书籍包装，精致的做工尽显书籍的高端，同时对书籍也有很好的保护作用。

色彩点评

■ 书籍包装以灰色为主，无彩色的运用，很好地凸显了书籍的精致，同时增强了整体的视觉稳定性。

■ 少量红色以及蓝色的点缀，让这种氛围更加浓厚。

CMYK: 12,9,30,0　CMYK: 76,66,85,42
CMYK: 80,60,30,0　CMYK: 48,100,100,29

封面中以一个圆形作为图像呈现范围，具有很强的视觉聚拢感。图像下方的手写文字，为书籍增添了些许的文艺复古气息。

推荐色彩搭配

C: 12	C: 12	C: 93	C: 50
M: 63	M: 13	M: 88	M: 35
Y: 99	Y: 16	Y: 89	Y: 35
K: 0	K: 0	K: 80	K: 0

C: 44	C: 12	C: 21	C: 1
M: 53	M: 9	M: 62	M: 100
Y: 63	Y: 93	Y: 100	Y: 100
K: 0	K: 0	K: 0	K: 0

C: 47	C: 10	C: 79	C: 25
M: 38	M: 27	M: 33	M: 68
Y: 33	Y: 58	Y: 88	Y: 86
K: 0	K: 0	K: 0	K: 0

5.3.2 简装

色彩调性： 时尚、积极、饱满、通透、安稳、突出。
常用主题色：

CMYK:21,30,86,0　　CMYK:42,33,0,0　　CMYK:7,7,87,0　　CMYK:27,0,76,0　　CMYK:86,56,25,0　　CMYK:42,100,100,14

常用色彩搭配

CMYK: 20,16,24,0
CMYK: 79,38,30,0

CMYK: 0,80,43,0
CMYK: 2,33,90,0

CMYK: 18,24,91,0
CMYK: 100,100,58,27

CMYK: 14,58,47,0
CMYK: 45,95,0,0

蓝色搭配灰色，纯度和明度适中，给人理性、稳重的印象，十分容易获得受众信赖。

黄色搭配橙色，具有温暖、积极的色彩特征。由于其同为暖色调，因此多用于女性产品中。

纯度和明度适中的蓝色，具有浪漫、醒目的色彩特征，搭配橙黄色，具有很好的中和效果。

紫色是一种优雅与时尚并存的色彩，十分受欢迎，搭配少量纯度偏高的红色，增强了稳定性。

配色速查

时尚	积极	饱满	通透

 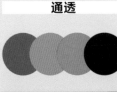 

CMYK: 70,0,48,0
CMYK: 75,33,55,0
CMYK: 51,44,45,0
CMYK: 74,68,65,25

CMYK: 15,9,8,0
CMYK: 46,5,8,0
CMYK: 25,15,93,0
CMYK: 8,86,25,0

CMYK: 83,71,56,19
CMYK: 11,13,89,0
CMYK: 18,15,13,0
CMYK: 89,52,100,20

CMYK: 47,47,64,0
CMYK: 45,21,36,0
CMYK: 3,45,26,0
CMYK: 79,67,71,0

这是一本烹饪书籍的封面设计。整个封面采用简装的方式，将文字和图像进行直观的呈现。而且，分割型的版式方式，为封面增添了活力与动感。

色彩点评

■ 封面以灰色为主，无彩色的运用，凸显出书籍的时尚与精致。

■ 少量浅色的运用，很好地提高了封面的亮度，同时也丰富了整体的色彩质感。

CMYK: 38,32,34,0
CMYK: 0,45,18,0

CMYK: 30,14,30,0

推荐色彩搭配

C: 0	C: 78	C: 2	C: 8	C: 48	C: 3	C: 39	C: 45	C: 65	C: 40	C: 6	C: 47
M: 60	M: 94	M: 35	M: 98	M: 34	M: 22	M: 55	M: 0	M: 57	M: 65	M: 5	M: 42
Y: 3	Y: 85	Y: 2	Y: 91	Y: 38	Y: 69	Y: 0	Y: 20	Y: 54	Y: 58	Y: 4	Y: 56
K: 0	K: 72	K: 0	K: 0	K: 0	K: 0	K: 0	K: 20	K: 3	K: 0	K: 0	K: 0

这是Laus 2010的封面设计。封面以简装的形式进行呈现，简单的设计将信息直接传达。特别是右上角图形的添加，具有很强的视觉聚拢感。

色彩点评

■ 封面以白色为主，将版面内容进行清楚的凸显，同时也给人纯净、大方之感。

■ 少量蓝色的点缀，以较高的明度提高了封面的视觉吸引力。

CMYK: 63,55,53,2   CMYK: 17,11,5,0
CMYK: 82,59,0,0

封面中主次分明的文字将信息直接传达，同时也丰富了整体的细节效果。适当留白的运用，为受众阅读提供了便利。

推荐色彩搭配

C: 13	C: 51	C: 34	C: 89	C: 41	C: 0	C: 100	C: 69	C: 40	C: 28	C: 69	C: 25
M: 13	M: 100	M: 1	M: 65	M: 9	M: 44	M: 20	M: 60	M: 56	M: 37	M: 60	M: 68
Y: 13	Y: 84	Y: 100	Y: 25	Y: 3	Y: 30	Y: 11	Y: 75	Y: 1	Y: 87	Y: 75	Y: 86
K: 0	K: 25	K: 0	K: 0	K: 0	K: 0	K: 0	K: 19	K: 0	K: 0	K: 19	K: 0

5.3.3　线装

色彩调性： 古朴、丰富、个性、亲近、时尚、成熟。

常用主题色：

CMYK:5,0,85,0　CMYK:0,85,87,0　CMYK:57,7,54,0　CMYK:93,88,89,88　CMYK:100,20,11,0　CMYK:53,71,11,0

常用色彩搭配

CMYK: 79,33,88,0
CMYK: 13,1,86,0

明度和纯度适中的绿色搭配黄色，给人清新、欢快的印象，具有很强的视觉吸引力。

CMYK: 78,73,67,35
CMYK: 0,100,100,20

红色具有热情、奔放的色彩特征，十分引人注目，搭配无彩色的灰色，具有很强的稳定性。

CMYK: 40,76,75,3
CMYK: 15,40,35,0

不同明、纯度的两种红色相搭配，给人统一、和谐的感受，同时具有一定的层次感。

CMYK: 7,26,16,0
CMYK: 53,27,25,0

纯度偏高、明度偏低的粉色和蓝色，具有雅致、清新的色彩特征，深受女性欢迎。

配色速查

古朴

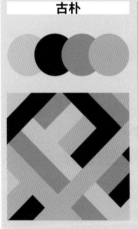

CMYK: 18,14,13,0
CMYK: 85,57,99,30
CMYK: 36,27,89,0
CMYK: 26,16,59,0

丰富

CMYK: 20,88,93,0
CMYK: 71,11,5,0
CMYK: 85,50,21,0
CMYK: 7,3,86,0

个性

CMYK: 19,89,65,0
CMYK: 73,7,39,0
CMYK: 28,21,18,0
CMYK: 58,52,51,1

亲近

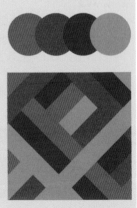

CMYK: 29,51,4,0
CMYK: 9,73,40,0
CMYK: 41,65,100,2
CMYK: 4,39,51,0

这是一本古典、质朴的书籍封面设计。书籍采用线装的形式，给人雅致、醇厚的视觉印象，同时也可以很好地舒缓受众烦躁、压抑的心情。

色彩点评

■ 封面以纯度偏低的红色为主，虽然少了些许的艳丽，但多了几分古朴与静谧。

■ 少量深色的点缀，很好地增强了视觉稳定性。

CMYK: 22,75,67,0　　　　CMYK: 56,55,75,4
CMYK: 46,100,100,21

推荐色彩搭配

C: 27	C: 54	C: 16	C: 85		C: 0	C: 47	C: 46	C: 87		C: 0	C: 100	C: 30	C: 28
M: 15	M: 100	M: 70	M: 0		M: 45	M: 20	M: 49	M: 89		M: 100	M: 75	M: 38	M: 10
Y: 18	Y: 100	Y: 49	Y: 40		Y: 25	Y: 38	Y: 67	Y: 89		Y: 100	Y: 42	Y: 100	Y: 52
K: 0	K: 45	K: 0	K: 0		K: 0	K: 0	K: 0	K: 78		K: 0	K: 4	K: 0	K: 0

这是一本书籍装帧设计。书籍采用线装的形式，以简单的装订方式营造了古典、雅致的视觉氛围。特别是木质包装盒子的点缀，让这种氛围更加浓厚。

色彩点评

■ 书籍整体以白色为主，无彩色的运用给人大方、精致的视觉印象，刚好与整体调性相吻合。

■ 少量深色的点缀，很好地增强了整体的视觉稳定性。

CMYK: 73,71,67,31　　CMYK: 6,5,4,0
CMYK: 47,61,100,4

书籍封面中以较大字号排列的文字将信息直接传达，十分醒目。周围适当留白的运用，为读者提供了广阔的想象空间。

推荐色彩搭配

C: 11	C: 83	C: 85	C: 28		C: 26	C: 0	C: 0	C: 100		C: 35	C: 11	C: 85	C: 36
M: 9	M: 79	M: 62	M: 10		M: 20	M: 85	M: 65	M: 20		M: 42	M: 13	M: 68	M: 56
Y: 96	Y: 96	Y: 32	Y: 52		Y: 19	Y: 87	Y: 90	Y: 11		Y: 37	Y: 12	Y: 62	Y: 60
K: 0	K: 71	K: 0	K: 0		K: 0	K: 0	K: 0	K: 0		K: 0	K: 0	K: 25	K: 0

6

第6章
不同类型书籍的装帧设计

　　书籍装帧设计的类型很多，而且不同类型的书籍具有不同的设计要求与原则。常见的书籍类型有童书类、教育类、文艺类、人文社科类、艺术类、生活类、经管类、科技类、杂志类等。

特点：

> 童书类，在用色上多以鲜艳的颜色为主，以此来吸引儿童注意力，激发其进行学习与观看的欲望。

> 教育类，以教育为出发点，根据不同的受众群体进行相应的设计。

> 生活类，重点在于产品的展现与宣传，因此在进行设计时多以大图呈现为主，这样可以给受众直观醒目的视觉感受。

> 科技类，就是以科技为主题进行设计，在用色上多以青色、蓝色、紫色等色彩为主。

6.1 童书类

色彩调性：天真、稚嫩、阳光、可爱、顽皮、嬉闹、纯真。

常用主题色：

CMYK:7,2,70,0　　CMYK:52,7,98,0　　CMYK:6,23,89,0　　CMYK:6,51,93,0　　CMYK:71,16,41,0　　CMYK:54,32,0,0

常用色彩搭配

CMYK: 78,56,0,0
CMYK: 7,3,86,0

天蓝色搭配高明度的黄色，在颜色的鲜明对比中凸显活跃与激情。

CMYK: 88,45,100,8
CMYK: 16,12,12,0

纯度偏低的绿色具有优雅、精致的色彩特征，搭配浅灰色可以适当提高视觉亮度。

CMYK: 6,55,73,0
CMYK: 9,73,40,0

橙色是一种极具活跃与动感的色彩，搭配红色可以让这种氛围更加浓厚。

CMYK: 41,74,8,0
CMYK: 51,6,4,0

低纯度的锦葵紫具有高雅、尊贵的色彩特征，搭配高明度的蓝色，可以增添活跃感。

配色速查

天真	稚嫩	阳光	嬉闹
	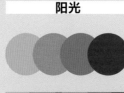		

CMYK: 79,27,50,0　　CMYK: 10,36,72,0　　CMYK: 7,18,87,0　　CMYK: 4,46,84,0
CMYK: 22,86,33,0　　CMYK: 10,19,84,0　　CMYK: 8,43,22,0　　CMYK: 9,80,52,0
CMYK: 60,24,97,0　　CMYK: 7,3,34,0　　CMYK: 65,27,100,0　　CMYK: 10,9,87,0
CMYK: 20,11,84,0　　CMYK: 42,0,86,0　　CMYK: 13,87,80,0　　CMYK: 67,0,93,0

这是《格林童话》的插画绘本内页设计。将故事内容以插画的形式进行呈现，相对于单纯的文字，具有更强的视觉吸引力，而且也更符合儿童需求。在左侧页面中的文字，将故事的完整情节进行呈现。

色彩点评

- 插画以深蓝色为主，以较低的明度奠定了故事的情感基调。
- 少量明度偏高的橙色、红色等色彩的运用，在对比中提高了画面的视觉吸引力。

CMYK: 100,96,59,26　　CMYK: 81,62,38,0
CMYK: 19,34,100,0　　CMYK: 55,61,100,12

推荐色彩搭配

C: 74	C: 7	C: 9	C: 47
M: 44	M: 3	M: 73	M: 62
Y: 0	Y: 86	Y: 40	Y: 91
K: 0	K: 0	K: 0	K: 5

C: 73	C: 38	C: 39	C: 7
M: 7	M: 5	M: 100	M: 52
Y: 73	Y: 72	Y: 100	Y: 43
K: 0	K: 0	K: 4	K: 0

C: 41	C: 38	C: 52	C: 78
M: 84	M: 31	M: 7	M: 21
Y: 100	Y: 100	Y: 98	Y: 48
K: 6	K: 0	K: 0	K: 0

这是一本儿童画册设计。书籍中将水果以插画的形式进行呈现，鲜艳的色彩可以激发儿童兴趣，让其在快乐中学习知识。

色彩点评

- 书籍以浅色为背景主色调，将版面内容进行直接凸显。
- 红色、黄色、绿色等色彩的运用，在鲜明的颜色对比中营造了活跃、积极的视觉氛围。

CMYK: 16,8,78,0　　CMYK: 60,25,100,0
CMYK: 15,49,76,0　　CMYK: 14,87,64,0

在插画旁边以较大字号呈现的文字，具有很好的辅助说明作用，而且增强了整个版面的细节效果。

推荐色彩搭配

C: 25	C: 74	C: 13	C: 45
M: 8	M: 35	M: 9	M: 10
Y: 17	Y: 7	Y: 88	Y: 90
K: 0	K: 0	K: 0	K: 0

C: 31	C: 9	C: 9	C: 36
M: 99	M: 39	M: 12	M: 2
Y: 100	Y: 10	Y: 88	Y: 0
K: 1	K: 0	K: 0	K: 0

C: 53	C: 48	C: 40	C: 26
M: 12	M: 6	M: 81	M: 40
Y: 10	Y: 90	Y: 27	Y: 56
K: 0	K: 0	K: 0	K: 0

这是一本儿童绘本内页设计。内页以插画的形式进行呈现,暗夜中骑行的人、灯光都被笼罩在紫色的环境中,十分具有沉浸感。

色彩点评

- 插画以不同明度和纯度的紫色为主,在变化中给人以层次感和立体感。
- 少量亮色的点缀,提高了版面的亮度,同时也增强了整体的色彩感。

CMYK: 82,100,52,25　　CMYK: 48,65,4,0
CMYK: 22,14,49,0

推荐色彩搭配

C: 18	C: 57	C: 22	C: 13	C: 24	C: 5	C: 7	C: 48	C: 13	C: 67	C: 74	C: 12
M: 22	M: 8	M: 86	M: 43	M: 3	M: 42	M: 60	M: 11	M: 0	M: 0	M: 69	M: 50
Y: 75	Y: 33	Y: 33	Y: 24	Y: 50	Y: 78	Y: 37	Y: 25	Y: 82	Y: 84	Y: 0	Y: 92
K: 0	K: 0	K: 0	K: 0	K: 0	K: 0	K: 0	K: 0	K: 0	K: 0	K: 0	K: 0

这是一本可爱的儿童画册设计。将一件事情拆分成不同步骤以插画的形式进行呈现,具有很强的条理性。

色彩点评

- 版面以绿色和浅色为主,以适中的明度为儿童营造了一个良好的阅读环境。
- 红色的运用,在不同纯度的变化中增强了插画人物的层次感和立体感。

CMYK: 42,33,60,0　CMYK: 38,89,75,2
CMYK: 60,45,76,1　CMYK: 14,11,58,0

在插画图案上方的文字,既对画面进行了简单的解释与说明,也可以在无形中帮助儿童进行文字的学习。

推荐色彩搭配

C: 20	C: 63	C: 32	C: 12	C: 59	C: 6	C: 68	C: 9	C: 57	C: 25	C: 38	C: 41
M: 5	M: 0	M: 81	M: 37	M: 0	M: 51	M: 28	M: 87	M: 0	M: 19	M: 5	M: 74
Y: 74	Y: 24	Y: 0	Y: 70	Y: 71	Y: 93	Y: 9	Y: 82	Y: 36	Y: 18	Y: 72	Y: 8
K: 0	K: 0	K: 0	K: 0	K: 0	K: 0	K: 0	K: 0	K: 0	K: 0	K: 0	K: 0

色彩调性：青春、纪律、专注、稳重、同窗、尊重、耐心。

常用主题色：

CMYK:67,82,0,0　　CMYK:11,98,56,0　　CMYK:79,26,100,0　　CMYK:7,3,86,0　　CMYK:100,94,44,2　　CMYK:9,75,99,0

常用色彩搭配

CMYK：81,21,95,0
CMYK：9,75,99,0

CMYK：78,100,13,0
CMYK：13,96,16,0

CMYK：52,7,98,0
CMYK：7,2,70,0

CMYK：70,13,42,0
CMYK：44,34,61,0

明度和纯度适中的绿色搭配橙色，在颜色的鲜明对比中十分引人注目。

深紫色具有神秘、压抑的色彩特征，搭配高明度的红色，在对比中具有中和效果。

明度偏高的浅绿色搭配黄色，是一种极具生机与活力的颜色组合方式。

青色多给人以理性、通透的视觉印象，搭配苔藓绿增添了些许的成熟感。

配色速查

青春	纪律	专注	聪慧

CMYK: 77,39,20,0
CMYK: 53,13,89,0
CMYK: 7,3,86,0
CMYK: 6,51,93,0

CMYK: 100,94,44,9
CMYK: 66,21,21,0
CMYK: 46,62,100,5
CMYK: 76,70,67,31

CMYK: 32,7,52,0
CMYK: 57,60,75,9
CMYK: 69,42,20,0
CMYK: 90,68,32,1

CMYK: 6,51,93,0
CMYK: 85,45,100,7
CMYK: 64,37,31,0
CMYK: 56,53,100,7

这是一本建筑学与教育方面的书籍封面与封底设计。版式设计以单色搭配文字为主，在主次分明之间将信息直接传达，同时也让细节效果更加丰富。

色彩点评

- 纯度偏低的墨蓝色，具有稳重、成熟的色彩特征，搭配粉色增添了些许的优雅气息。
- 少量无彩色的灰色，以适中的明度和纯度增强了版面的视觉过渡效果。

CMYK: 100,94,67,55
CMYK: 33,31,29,0

CMYK: 1,32,20,0

推荐色彩搭配

C: 26	C: 90	C: 0	C: 73
M: 20	M: 76	M: 20	M: 6
Y: 19	Y: 48	Y: 90	Y: 41
K: 0	K: 11	K: 0	K: 0

C: 96	C: 50	C: 0	C: 55
M: 100	M: 35	M: 51	M: 6
Y: 69	Y: 35	Y: 31	Y: 62
K: 62	K: 0	K: 0	K: 0

C: 0	C: 33	C: 15	C: 71
M: 32	M: 51	M: 49	M: 35
Y: 95	Y: 58	Y: 42	Y: 13
K: 0	K: 0	K: 0	K: 0

这是一本教育类的宣传画册设计。将正在学习、讨论的人物图像作为展示主图，直接表明了画册的宣传内容，十分引人注目。

色彩点评

- 画册以浅色为主，将版面内容进行清楚的凸显。而且在与蓝色的过渡中，让视觉效果更加丰富。
- 少量深色的点缀，在不同明度的变化中增强了版面的视觉稳定性。

CMYK: 22,14,9,0   CMYK: 81,77,79,58
CMYK: 53,49,49,0

在版面中合适的位置排列的文字，不仅将信息直接传达，而且增强了版面的细节效果。特别是适当留白的运用，营造了一个良好的阅读环境。

推荐色彩搭配

C: 35	C: 38	C: 91	C: 0
M: 46	M: 19	M: 87	M: 53
Y: 71	Y: 10	Y: 90	Y: 75
K: 0	K: 0	K: 79	K: 0

C: 53	C: 85	C: 41	C: 86
M: 45	M: 58	M: 38	M: 44
Y: 45	Y: 0	Y: 0	Y: 47
K: 0	K: 0	K: 0	K: 0

C: 32	C: 24	C: 31	C: 59
M: 32	M: 51	M: 29	M: 27
Y: 86	Y: 100	Y: 28	Y: 97
K: 0	K: 0	K: 0	K: 0

这是一本教育类的宣传画册设计。整个版面一分为二，左侧的大学生上学的照片表明了画册的宣传内容；右侧的文字将信息直接传达，使阅读者一目了然。

色彩点评

■ 版面以青色为主，以适中的明度将信息直接凸显。同时，绿色、蓝色等彩色的运用，丰富了整体的色彩感。

■ 白色的点缀，很好地提高了版面的亮度。

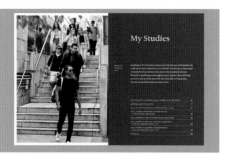

CMYK: 92,66,29,0　　　　　　CMYK: 47,36,27,0
CMYK: 20,7,0,0　　　　　　　CMYK: 65,38,100,0

推荐色彩搭配

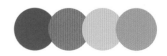

C: 96	C: 71	C: 39	C: 80	C: 0	C: 13	C: 39	C: 85	C: 85	C: 0	C: 5	C: 33
M: 93	M: 35	M: 21	M: 53	M: 16	M: 100	M: 79	M: 34	M: 42	M: 58	M: 6	M: 25
Y: 80	Y: 0	Y: 16	Y: 100	Y: 78	Y: 100	Y: 100	Y: 41	Y: 0	Y: 0	Y: 95	Y: 24
K: 74	K: 0	K: 0	K: 20	K: 0	K: 0	K: 5	K: 0	K: 0	K: 0	K: 0	K: 0

这是一本童书的内页设计。将简单的字母T以插画的形式进行呈现，不仅保证了文字的完整性，而且为儿童的学习带去了快乐。

CMYK: 81,50,22,0　　　CMYK: 84,42,94,3
CMYK: 5,13,30,0　　　　CMYK: 1,60,49,0

色彩点评

■ 版面以纯度偏低的蓝色以及绿色为主，在对比中十分醒目。

■ 少量浅色的点缀，增强了版面的层次感，将重要信息直接凸显。

版面中适当留白的运用，不但减轻了儿童的阅读压力，也为其营造了一个广阔的想象空间。

推荐色彩搭配

C: 44	C: 70	C: 29	C: 0	C: 87	C: 55	C: 33	C: 0	C: 32	C: 24	C: 31	C: 59
M: 77	M: 44	M: 39	M: 20	M: 43	M: 47	M: 27	M: 84	M: 32	M: 51	M: 29	M: 27
Y: 100	Y: 100	Y: 87	Y: 87	Y: 25	Y: 53	Y: 93	Y: 46	Y: 86	Y: 100	Y: 28	Y: 97
K: 7	K: 4	K: 0	K: 0	K: 0	K: 0	K: 0	K: 0	K: 0	K: 0	K: 0	K: 0

6.3 文艺类

色彩调性： 华丽、优雅、文艺、素净、平和、安稳、静谧。

常用主题色：

CMYK:21,16,15,0　　CMYK:38,22,77,0　　CMYK:62,48,0,0　　CMYK:53,17,26,0　　CMYK:15,6,72,0　　CMYK:36,69,94,1

常用色彩搭配

CMYK: 36,69,94,1
CMYK: 44,34,61,0

CMYK: 28,4,50,0
CMYK: 15,6,72,0

CMYK: 41,51,5,0
CMYK: 53,17,26,0

CMYK: 5,51,27,0
CMYK: 38,31,100,0

低明度的橙色具有复古、优雅的特征，搭配橄榄绿让这种氛围更加浓厚。

纯度偏高的绿色搭配黄色，极具生机与活力，多用在与儿童相关的书籍中。

明度和纯度适中的紫色搭配青色，可以给人优雅、理性的感受。

红色是一种鲜艳、活跃的色彩，搭配纯度偏低的黄绿色增添了些许的成熟感。

配色速查

华丽	优雅	文艺	素净
	 	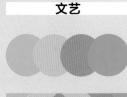 	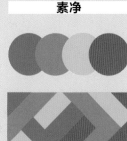 
CMYK: 10,76,9,0 CMYK: 61,82,0,0 CMYK: 21,97,23,0 CMYK: 7,3,86,0	CMYK: 74,40,7,0 CMYK: 26,18,85,0 CMYK: 68,87,0,0 CMYK: 31,99,81,1	CMYK: 38,2,23,0 CMYK: 17,10,72,0 CMYK: 38,22,77,0 CMYK: 58,3,64,0	CMYK: 49,35,36,0 CMYK: 24,37,58,0 CMYK: 28,4,50,0 CMYK: 41,51,5,0

这是《爱因斯坦传记》一书的装帧版面设计。将人物图像作为书籍内页展示主图，阐释了书籍的主要内容。在右侧版面中整齐排列的文字，将信息直接传达。而且，适当留白的运用，为受众阅读提供了便利。

色彩点评

■ 书籍以浅色作为背景主色调，将版面内容清楚地凸显出来。

■ 深色的运用，使图像呈现不同明度的变化，让人物的立体感更强。

CMYK: 15,12,8,0
CMYK: 42,35,33,0

CMYK: 66,49,55,1

推荐色彩搭配

C: 16	C: 12	C: 82	C: 69
M: 5	M: 31	M: 60	M: 35
Y: 58	Y: 79	Y: 10	Y: 58
K: 0	K: 0	K: 38	K: 0

C: 58	C: 0	C: 6	C: 4
M: 17	M: 74	M: 5	M: 36
Y: 24	Y: 94	Y: 15	Y: 96
K: 0	K: 0	K: 0	K: 0

C: 22	C: 75	C: 13	C: 0
M: 16	M: 22	M: 25	M: 51
Y: 18	Y: 51	Y: 91	Y: 31
K: 0	K: 0	K: 0	K: 0

这是国家艺术中心法国剧院的演出季宣传画册设计。在版面右侧呈现的插画图案，给人文艺、优雅的视觉印象，刚好与宣传画册的主题相吻合。

色彩点评

■ 画册内页整体以红色为主，在不同纯度的变化中增强了整体的层次感和立体感。

■ 少量深色的使用，中和了红色的轻飘感，让版面具有较强的视觉稳定性。

CMYK: 13,78,55,0   CMYK: 22,31,20,0
CMYK: 71,68,64,23

左侧版面中主次分明的文字，将信息直接传达。而且版面中适当留白的运用，为读者营造了一个良好的阅读环境。

推荐色彩搭配

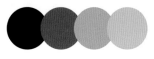

C: 92	C: 13	C: 20	C: 0
M: 87	M: 79	M: 29	M: 12
Y: 89	Y: 60	Y: 18	Y: 91
K: 80	K: 0	K: 0	K: 0

C: 49	C: 0	C: 0	C: 51
M: 49	M: 51	M: 33	M: 2
Y: 58	Y: 31	Y: 82	Y: 24
K: 0	K: 0	K: 0	K: 0

C: 15	C: 64	C: 34	C: 0
M: 24	M: 22	M: 31	M: 73
Y: 97	Y: 100	Y: 37	Y: 15
K: 0	K: 0	K: 0	K: 0

这是以花艺为主题的书籍封面设计。封面划分为三个区域，中间区域为植物图片，上、下分别为橙色、白色。

色彩点评

■ 封面中明度适中的橙色，给人高端、文艺的印象。

■ 少量深色的点缀，增强了整体的视觉稳定性。特别是白色的点缀，提高了视觉亮度。

CMYK: 11,53,83,0
CMYK: 40,81,100,0

CMYK: 0,22,44,0

推荐色彩搭配

C: 9	C: 13	C: 0	C: 65
M: 13	M: 57	M: 26	M: 67
Y: 15	Y: 89	Y: 56	Y: 68
K: 0	K: 0	K: 0	K: 20

C: 21	C: 76	C: 0	C: 1
M: 29	M: 64	M: 80	M: 16
Y: 32	Y: 80	Y: 52	Y: 93
K: 0	K: 34	K: 0	K: 0

C: 27	C: 47	C: 22	C: 9
M: 9	M: 74	M: 16	M: 7
Y: 71	Y: 100	Y: 53	Y: 7
K: 0	K: 12	K: 0	K: 0

这是一本国外漂亮的图书封面设计。书籍封面采用相对对称的构图方式，极具统一和谐感；以插画植物作为展示主图，给人满满的生机与活力。

CMYK: 100,93,71,64   CMYK: 85,29,69,0
CMYK: 59,22,71,0   CMYK: 42,7,37,0

色彩点评

■ 封面以绿色为主色调，在不同明度以及纯度的变化中，让其具有较强的层次感和立体感。

■ 深色背景在与绿色的对比中增强了整体的视觉稳定性。

在版面中心位置呈现的文字，将信息直接传达，使受众一目了然。顶部小文字的添加，增强了整体的细节效果。

推荐色彩搭配

C: 29	C: 15	C: 86	C: 19
M: 0	M: 11	M: 27	M: 71
Y: 56	Y: 11	Y: 100	Y: 100
K: 0	K: 0	K: 0	K: 0

C: 33	C: 53	C: 0	C: 67
M: 21	M: 36	M: 32	M: 14
Y: 62	Y: 78	Y: 24	Y: 77
K: 0	K: 0	K: 0	K: 0

C: 85	C: 1	C: 75	C: 28
M: 47	M: 16	M: 2	M: 13
Y: 100	Y: 93	Y: 29	Y: 15
K: 10	K: 0	K: 0	K: 0

6.4 人文社科类

色彩调性：考究、神秘、古朴、多元、平和、成熟、智慧。

常用主题色：

CMYK:52,42,80,0　　CMYK:92,100,61,29　　CMYK:39,31,29,0　　CMYK:100,100,57,10　　CMYK:6,51,93,0　　CMYK:7,3,86,0

常用色彩搭配

CMYK: 6,51,93,0
CMYK: 100,100,57,10

CMYK: 39,31,29,0
CMYK: 67,78,28,1

CMYK: 92,100,61,29
CMYK: 69,36,100,0

CMYK: 42,100,79,7
CMYK: 93,88,89,80

具有积极、活跃色彩的橙色搭配墨蓝色，颜色一深一浅的搭配极具视觉吸引力。

无彩色的灰色具有优雅、单调的色彩特征，搭配深青色增添了些许的稳定感。

明度偏低的深紫色是一种神秘、压抑的色彩，搭配绿色具有很好的中和效果。

深红色多给人优雅、高贵的感受，搭配无彩色的黑色增添了稳重与成熟之感。

配色速查

考究	神秘	古朴	多元

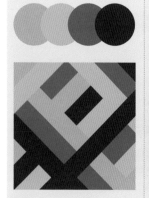 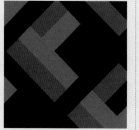  

CMYK: 27,19,23,0
CMYK: 29,9,38,0
CMYK: 70,36,71,0
CMYK: 78,57,79,21

CMYK: 73,7,73,0
CMYK: 78,21,48,0
CMYK: 96,78,9,0
CMYK: 41,65,100,2

CMYK: 62,26,31,0
CMYK: 36,71,71,1
CMYK: 52,42,80,0
CMYK: 42,18,33,0

CMYK: 7,3,86,0
CMYK: 42,100,79,7
CMYK: 69,36,100,0
CMYK: 97,78,28,1

这是徒步探险旅行品牌的画册设计。将品牌标识在书籍扉页进行呈现，可以促进品牌的宣传与推广。底部几何图形以及小文字的添加，增强了整体的细节效果。

色彩点评

■ 书籍以明度适中的青色和棕色为主，在颜色对比中营造了浓浓的复古氛围。

■ 深色的文字，让版面的视觉效果更加稳定。

CMYK: 58,62,87,15　　　　　CMYK: 43,17,35,0
CMYK: 80,68,68,32

推荐色彩搭配

C: 0	C: 59	C: 87	C: 87	C: 39	C: 49	C: 65	C: 2	C: 51	C: 0	C: 32	C: 91
M: 44	M: 61	M: 89	M: 64	M: 42	M: 1	M: 58	M: 27	M: 20	M: 27	M: 65	M: 49
Y: 24	Y: 84	Y: 89	Y: 67	Y: 100	Y: 69	Y: 54	Y: 56	Y: 49	Y: 56	Y: 100	Y: 44
K: 0	K: 15	K: 78	K: 0	K: 0	K: 0	K: 3	K: 0	K: 0	K: 0	K: 0	K: 0

这是法律援助中心的画册设计。画册采用白色和绿色进行画面分割，大面积的留白可以增强画册的设计感。

色彩点评

■ 封面中渐变绿色的运用，给人稳重、成熟之感，同时又有些许的生机与活力。

■ 大面积白色的运用，将版面文字等内容清楚地凸显出来，同时可以缓解受众的焦虑感。

CMYK: 18,13,15,0　　CMYK: 91,45,100,9
CMYK: 97,65,100,54

封面运用几何图形作为展示主图，以简单直接的方式凸显出法律的严谨与规范。而且大面积留白的运用，让这种氛围更加浓厚。

推荐色彩搭配

C: 33	C: 91	C: 100	C: 30	C: 0	C: 32	C: 36	C: 76	C: 26	C: 0	C: 0	C: 48
M: 25	M: 45	M: 87	M: 38	M: 27	M: 65	M: 28	M: 51	M: 11	M: 65	M: 44	M: 30
Y: 24	Y: 100	Y: 59	Y: 100	Y: 56	Y: 100	Y: 27	Y: 27	Y: 80	Y: 90	Y: 30	Y: 24
K: 0	K: 8	K: 32	K: 0	K: 0	K: 0	K: 0	K: 0	K: 0	K: 0	K: 0	K: 0

这是"莎士比亚系列"图书装帧设计。照片主色为黑色，辅助色为白色。以由简单线条构成的插画图案的颜色作为点缀色。

色彩点评

■ 书籍以黑色为背景主色调，无彩色的运用营造了浓浓的古典氛围。

■ 图案中橙色和红色的运用，在对比中打破了纯色背景的枯燥感。

CMYK: 93,88,89,80　　　　　CMYK: 23,62,100,0
CMYK: 11,9,8,0　　　　　　　CMYK: 44,96,64,5

推荐色彩搭配

C: 24	C: 15	C: 93	C: 43	C: 20	C: 64	C: 68	C: 92	C: 0	C: 13	C: 80	C: 3
M: 62	M: 40	M: 88	M: 100	M: 86	M: 0	M: 49	M: 52	M: 27	M: 80	M: 47	M: 100
Y: 100	Y: 67	Y: 89	Y: 28	Y: 56	Y: 40	Y: 33	Y: 58	Y: 56	Y: 100	Y: 55	Y: 100
K: 0	K: 0	K: 80	K: 0	K: 0	K: 0	K: 0	K: 5	K: 0	K: 0	K: 1	K: 0

这是插画风格的城市指南图书封面设计。将城市概貌以插画的形式进行呈现，相对于实物照片，插画更具趣味性，同时也让阅读者在接收信息时更加便利。

色彩点评

■ 封面以蓝色为主色调，在不同明度和纯度的变化中，凸显出图案较强的层次感和立体感。

■ 少量绿色以及橙色的点缀，在鲜明的颜色对比中丰富了整体的色彩感。

CMYK: 22,7,7,0　　CMYK: 73,15,0,0
CMYK: 67,9,100,0

以白色长条矩形作为文字呈现载体，可以让信息更加清楚地传达。而且主次分明的文字，丰富了整体的细节效果。

推荐色彩搭配

C: 17	C: 73	C: 99	C: 52	C: 52	C: 0	C: 66	C: 0	C: 59	C: 82	C: 0	C: 69
M: 13	M: 13	M: 64	M: 49	M: 43	M: 61	M: 10	M: 16	M: 27	M: 43	M: 44	M: 0
Y: 27	Y: 0	Y: 58	Y: 100	Y: 41	Y: 25	Y: 0	Y: 84	Y: 100	Y: 100	Y: 30	Y: 35
K: 0	K: 0	K: 16	K: 2	K: 0	K: 0	K: 0	K: 0	K: 0	K: 5	K: 0	K: 0

6.5 艺术类

色彩调性： 活力、利落、高端、古典、艺术、冲击、镇静。

常用主题色：

CMYK:5,22,89,0　CMYK:87,47,61,3　CMYK:73,100,46,7　CMYK:50,100,90,28　CMYK:6,51,93,0　CMYK:81,21,95,0

常用色彩搭配

CMYK: 6,51,93,0
CMYK: 50,100,90,28

橙色搭配深红色，在邻近色的对比中给人活跃、积极的印象。

CMYK: 10,0,83,0
CMYK: 90,54,100,26

亮黄色具有醒目、鲜活的色彩特征，搭配墨绿色中和了颜色的跳跃感。

CMYK: 34,27,25,0
CMYK: 37,84,100,3

灰色搭配明度适中的红色，既中和了灰色的单调感，又不乏活跃度。

CMYK: 88,58,5,0
CMYK: 56,100,13,0

纯度适中的蓝色是一种充满理性与灵性气息的色彩，搭配紫色增添了优雅感。

配色速查

活力	利落	高端	古典

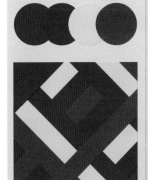

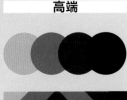

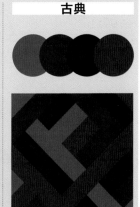

CMYK: 88,58,5,0
CMYK: 11,98,56,0
CMYK: 7,3,86,0
CMYK: 9,75,99,0

CMYK: 81,21,95,0
CMYK: 52,28,4,0
CMYK: 25,19,18,0
CMYK: 100,100,47,1

CMYK: 21,16,15,0
CMYK: 59,39,19,0
CMYK: 90,54,100,26
CMYK: 93,88,89,80

CMYK: 56,45,93,1
CMYK: 47,75,100,12
CMYK: 50,90,88,24
CMYK: 88,53,68,12

这是艺术杂志内页设计。将极具故事性的插画图案作为内页展示主图，直接表明了杂志的宣传内容，具有很强的艺术性与趣味感。

色彩点评

■ 内页以明度偏高的橙色为主，奠定了鲜活、积极的色彩基调。

■ 少量黄色、蓝色等色彩的运用，在鲜明的颜色对比中丰富了内页的色彩感，同时也让视觉效果更加丰富。

CMYK: 9,93,100,0
CMYK: 7,42,100,0
CMYK: 17,56,1,0
CMYK: 71,22,0,0

推荐色彩搭配

C: 9	C: 15	C: 80	C: 76	C: 49	C: 0	C: 39	C: 18	C: 7	C: 62	C: 62	C: 2
M: 9	M: 51	M: 45	M: 24	M: 1	M: 24	M: 42	M: 93	M: 7	M: 0	M: 54	M: 54
Y: 9	Y: 0	Y: 52	Y: 0	Y: 69	Y: 95	Y: 100	Y: 90	Y: 2	Y: 19	Y: 51	Y: 9
K: 0	K: 0	K: 0	K: 0	K: 0	K: 0	K: 0	K: 0	K: 0	K: 1	K: 0	K: 0

这是艺术节的画册封面设计。运用正负形的设计技巧，将抽象图案作为封面展示主图，尽显艺术节的高端与时尚。

色彩点评

■ 封面中橙色的运用，在不同纯度的变化中增强了整体的色彩质感。

■ 墨蓝色的背景，以偏低的纯度给人稳重、成熟的印象。

CMYK: 81,71,49,9　CMYK: 0,69,60,0
CMYK: 0,38,55,0

将文字以矩形框作为呈现载体，具有很强的视觉聚拢感。而且小号文字的添加，具有补充说明与丰富细节效果的双重作用。

推荐色彩搭配

C: 82	C: 0	C: 80	C: 59	C: 0	C: 40	C: 23	C: 46	C: 80	C: 33	C: 0	C: 65
M: 74	M: 41	M: 23	M: 33	M: 63	M: 50	M: 25	M: 42	M: 66	M: 48	M: 58	M: 29
Y: 51	Y: 57	Y: 38	Y: 44	Y: 53	Y: 96	Y: 25	Y: 20	Y: 36	Y: 100	Y: 40	Y: 40
K: 13	K: 0	K: 0	K: 0	K: 0	K: 0	K: 0	K: 0	K: 0	K: 0	K: 0	K: 0

这是艺术高中绘画展的宣传折页设计。将简单的几何图形作为封面展示主图,为封面增添了灵动的跳跃感。而且主次分明的文字,将信息直接传达,同时丰富了细节效果。

色彩点评

- 封面以浅灰色作为背景主色调,无彩色的运用很好地凸显了绘画展的艺术质感。
- 少量橙色和红色的点缀,在鲜明的颜色对比中打破了纯色背景的枯燥与乏味。

CMYK: 13,11,11,0   CMYK: 0,35,64,0
CMYK: 8,82,20,0

151

推荐色彩搭配

C: 25	C: 4	C: 75	C: 25
M: 42	M: 7	M: 24	M: 20
Y: 100	Y: 86	Y: 57	Y: 15
K: 0	K: 0	K: 0	K: 8

C: 65	C: 29	C: 40	C: 11
M: 10	M: 23	M: 40	M: 51
Y: 17	Y: 22	Y: 46	Y: 91
K: 0	K: 0	K: 0	K: 0

C: 0	C: 73	C: 16	C: 4
M: 69	M: 33	M: 12	M: 36
Y: 55	Y: 16	Y: 12	Y: 96
K: 0	K: 0	K: 0	K: 0

这是多伦多交响乐团推广的画册内页设计。将正在弹奏乐器的人物作为展示主图,直接表明了画册的宣传内容。而且大图的呈现方式,具有很强的视觉冲击力。

CMYK: 8,89,78,69   CMYK: 10,5,4,0
CMYK: 19,99,100,0

色彩点评

- 内页以黑色为主色调,无彩色的运用尽显交响乐的高端与雅致。
- 少量红色的点缀,为内页增添了一抹亮丽的色彩。

在右侧版面中主次分明的文字,将信息直接传达,同时也让整体的细节效果更加丰富。

推荐色彩搭配

C: 38	C: 16	C: 85	C: 33
M: 31	M: 5	M: 73	M: 100
Y: 29	Y: 5	Y: 62	Y: 100
K: 0	K: 0	K: 31	K: 2

C: 92	C: 25	C: 77	C: 45
M: 52	M: 85	M: 31	M: 38
Y: 58	Y: 51	Y: 0	Y: 26
K: 5	K: 0	K: 0	K: 0

C: 51	C: 6	C: 90	C: 50
M: 20	M: 56	M: 89	M: 100
Y: 49	Y: 80	Y: 88	Y: 100
K: 0	K: 0	K: 78	K: 32

色彩调性： 浪漫、甜美、婉约、温柔、素雅、舒适。

常用主题色：

CMYK:41,74,8,0 　CMYK:10,73,9,0 　CMYK:97,78,28,1 　CMYK:78,46,86,7 　CMYK:23,56,9,0 　CMYK:73,7,73,0

常用色彩搭配

CMYK: 23,56,99,0 CMYK: 78,46,86,7	CMYK: 10,73,9,0 CMYK: 96,78,9,0	CMYK: 43,35,33,0 CMYK: 29,51,4,0	CMYK: 38,51,74,0 CMYK: 66,31,38,0

橙色搭配绿色，适中的明度和纯度在鲜明的颜色对比中十分引人注目。

高明度的粉色搭配深蓝色，在颜色冷暖色调的对比中给人醒目、直观的印象。

灰色多给人素净与单调的印象，搭配纯度适中的紫色，具有中和效果。

棕色具有优雅、古典的色彩特征，搭配纯度偏低的青色增添了些许的稳重感。

配色速查

浪漫	甜美	婉约	温柔

   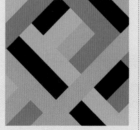  

CMYK: 38,8,16,0 CMYK: 58,76,0,0 CMYK: 6,48,22,0 CMYK: 29,72,45,0	CMYK: 76,67,0,0 CMYK: 3,60,2,0 CMYK: 52,5,22,0 CMYK: 7,2,70,0	CMYK: 8,21,81,0 CMYK: 76,23,42,0 CMYK: 92,65,67,29 CMYK: 29,23,22,0	CMYK: 7,13,37,0 CMYK: 45,18,59,0 CMYK: 16,53,45,0 CMYK: 19,14,74,0

これは《橄榄油的秘密》的封面设计。将带有果实的橄榄树枝作为封面展示主图，以直观醒目的方式表明了书籍的宣传内容。而且极具设计感的文字，将信息进一步传达。

色彩点评

■ 封面以灰色为主色调，在渐变过渡中打破了纯色的枯燥感。

■ 图案中绿色的运用，不同纯度的变化让其具有较强的层次感和立体感。

CMYK: 17,13,13,0
CMYK: 78,44,100,5
CMYK: 35,0,76,0
CMYK: 50,36,100,0

推荐色彩搭配

C: 58	C: 78	C: 70	C: 0	C: 53	C: 16	C: 78	C: 33	C: 64	C: 22	C: 12	C: 4
M: 46	M: 22	M: 33	M: 74	M: 13	M: 18	M: 32	M: 24	M: 15	M: 16	M: 46	M: 24
Y: 40	Y: 42	Y: 95	Y: 48	Y: 12	Y: 58	Y: 100	Y: 13	Y: 62	Y: 17	Y: 100	Y: 90
K: 0	K: 0	K: 0	K: 0	K: 0	K: 0	K: 0	K: 0	K: 0	K: 0	K: 0	K: 0

这是国外创意烹饪食谱书籍内页设计。将食物拍摄图像作为展示主图，直接表明了书籍的宣传内容，而且图像中诱人的食物能极大程度地刺激受众味蕾，激发其进行购买的欲望。

色彩点评

■ 内页以高明度的蓝色为主，给人通透、舒畅的视觉感受。

■ 食物本色的运用，凸显出产品的健康与天然。特别是少量红色和黄色的点缀，丰富了书籍的色彩感。

CMYK: 62,36,16,0　CMYK: 38,29,22,0
CMYK: 19,34,73,0　CMYK: 0,82,34,0

与食物重叠呈现的手写文字，为版面增添了些许的活跃感。而且适当留白的运用，为读者营造了一个广阔的想象空间。

推荐色彩搭配

C: 5	C: 2	C: 46	C: 71	C: 27	C: 9	C: 8	C: 75	C: 67	C: 73	C: 0	C: 97
M: 9	M: 72	M: 22	M: 35	M: 18	M: 13	M: 22	M: 5	M: 3	M: 4	M: 49	M: 82
Y: 49	Y: 58	Y: 73	Y: 0	Y: 13	Y: 2	Y: 47	Y: 53	Y: 37	Y: 4	Y: 22	Y: 31
K: 0	K: 0	K: 0	K: 0	K: 0	K: 0	K: 0	K: 0	K: 0	K: 0	K: 0	K: 0

第6章 不同类型书籍的装帧设计

这是国外的创意烹饪书籍内页设计。将简笔插画的餐具和食物作为展示主图。两个镂空的圆形的设计，为翻阅书籍提供了便利，也使版面显得更灵动，富有趣味性。

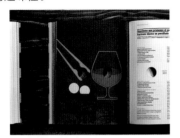

色彩点评

■ 书籍内页以纯度偏低的棕红色为主，营造了古典、优雅的视觉氛围。

■ 少量橙色的运用，在对比中丰富了整体的色彩质感。

CMYK: 60,75,68,22　　CMYK: 17,16,16,0
CMYK: 24,61,73,0

推荐色彩搭配

C: 50	C: 65	C: 0	C: 37
M: 36	M: 82	M: 47	M: 31
Y: 100	Y: 100	Y: 82	Y: 32
K: 0	K: 54	K: 0	K: 0

C: 24	C: 17	C: 60	C: 0
M: 61	M: 16	M: 75	M: 82
Y: 73	Y: 16	Y: 68	Y: 34
K: 0	K: 0	K: 22	K: 0

C: 76	C: 57	C: 15	C: 26
M: 53	M: 23	M: 71	M: 20
Y: 58	Y: 100	Y: 98	Y: 19
K: 5	K: 0	K: 0	K: 0

这是瑞典家具制造商的宣传画册内页设计。将家具拍摄图像作为内页展示主图，以直观醒目的方式让读者对产品有一个清晰的认知。

色彩点评

■ 内页以灰色为背景主色调，无彩色的运用给人低调、奢华的印象。

■ 深红色、棕色等产品本色的运用，在对比中给人较强的视觉质感。

CMYK: 44,30,24,0　　CMYK: 44,55,60,0
CMYK: 9,18,25,0　　CMYK: 41,76,57,1

在内页底部整齐排列的文字，在对产品进行相应的解释与说明的同时，丰富了版面的细节效果。

推荐色彩搭配

C: 12	C: 41	C: 37	C: 16
M: 36	M: 55	M: 74	M: 12
Y: 62	Y: 58	Y: 51	Y: 11
K: 0	K: 0	K: 0	K: 0

C: 30	C: 9	C: 96	C: 30
M: 33	M: 8	M: 92	M: 22
Y: 100	Y: 4	Y: 80	Y: 9
K: 0	K: 0	K: 75	K: 0

C: 46	C: 50	C: 22	C: 76
M: 36	M: 100	M: 30	M: 39
Y: 29	Y: 100	Y: 58	Y: 64
K: 0	K: 31	K: 0	K: 0

6.7 经管类

色彩调性： 镇静、理智、沉着、严肃、严格、稳重。

常用主题色：

CMYK:43,35,33,0　CMYK:90,54,100,26　CMYK:47,62,91,5　CMYK:76,38,43,0　CMYK:29,56,99,0　CMYK:72,34,100,1

常用色彩搭配

CMYK：72,100,34,1
CMYK：32,24,96,0

CMYK：85,40,58,1
CMYK：67,14,0,0

CMYK：1,3,8,0
CMYK：19,3,70,0

CMYK：19,100,100,0
CMYK：100,100,59,22

深紫色是一种极具神秘气息的色彩，搭配黄绿色可以中和深色的压抑感。

灰色搭配深蓝色，二者的搭配既素净、优雅，又不乏稳重、成熟。

低明度的橙色搭配绿色，在颜色的鲜明对比中给人理智与沉着的感受。

明度和纯度适中的青色搭配淡橙色，在冷暖色调的对比中具有优雅、活跃的特征。

配色速查

镇静	理智	沉着	严肃
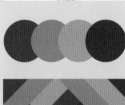			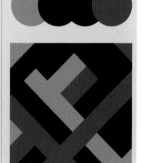

CMYK：76,54,29,0
CMYK：56,25,13,0
CMYK：37,19,18,0
CMYK：85,54,56,6

CMYK：48,23,20,0
CMYK：65,44,11,0
CMYK：71,25,24,0
CMYK：58,45,44,0

CMYK：12,24,67,0
CMYK：32,41,86,0
CMYK：55,60,99,11
CMYK：56,78,100,34

CMYK：39,31,29,0
CMYK：89,100,52,5
CMYK：87,93,68,59
CMYK：85,83,54,4

这是银行年报画册跨页设计。左侧为插画，右侧为背景颜色和文字。值得一提的是，右侧的背景颜色和文字颜色取自左侧画面，使整个版面更统一。

色彩点评

■ 内页以纯度偏低、明度适中的红色为主，给人简约、稳重的视觉感受。

■ 白色的运用，很好地提高了版面的亮度。

CMYK: 11,9,2,0
CMYK: 0,61,40,0

CMYK: 55,92,63,18

推荐色彩搭配

C: 46	C: 69	C: 0	C: 62
M: 36	M: 100	M: 31	M: 23
Y: 29	Y: 78	Y: 91	Y: 0
K: 0	K: 63	K: 0	K: 0

C: 0	C: 55	C: 83	C: 16
M: 73	M: 47	M: 33	M: 18
Y: 51	Y: 53	Y: 16	Y: 18
K: 0	K: 0	K: 0	K: 0

C: 31	C: 27	C: 7	C: 33
M: 39	M: 44	M: 89	M: 65
Y: 50	Y: 100	Y: 79	Y: 0
K: 0	K: 0	K: 0	K: 0

这是书籍的装帧设计。将拼接的木质纹理作为背景，具有很强的创意感，同时为封面增添了些许的活跃度与动感气息。

色彩点评

■ 封面以橙色为主色调，在不同明度与纯度的变化中增强了视觉质感。

■ 少量黑色的点缀，中和了橙色的跳跃感，让整体效果趋于稳定。

CMYK: 14,23,65,0   CMYK: 0,60,79,0
CMYK: 8,95,100,0   CMYK: 54,64,82,12

在封面中主次分明的文字，可以将信息直接传达。特别是小号文字的添加，具有解释说明与丰富细节效果的双重作用。

推荐色彩搭配

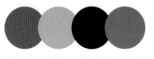

C: 18	C: 20	C: 61	C: 56
M: 64	M: 20	M: 100	M: 36
Y: 69	Y: 27	Y: 100	Y: 64
K: 0	K: 0	K: 58	K: 0

C: 8	C: 5	C: 39	C: 55
M: 11	M: 54	M: 64	M: 32
Y: 7	Y: 66	Y: 90	Y: 0
K: 0	K: 0	K: 1	K: 0

C: 34	C: 11	C: 4	C: 44
M: 61	M: 11	M: 41	M: 34
Y: 100	Y: 11	Y: 22	Y: 27
K: 0	K: 0	K: 0	K: 0

这是基金会宣传画册内页设计。内页整体设计较为简单，大字号的数字对读者具有很好的引导作用。适当留白的运用，为读者阅读提供了便利。

色彩点评

- 内页以浅色为背景主色调，将版面内容进行了清楚的凸显。
- 少量蓝色以及红色的运用，在对比中丰富了内页的色彩感。

CMYK：10,7,7,0
CMYK：15,73,11,0

CMYK：67,17,7,0

推荐色彩搭配

C: 72	C: 100	C: 16	C: 44	C: 89	C: 4	C: 71	C: 5	C: 100	C: 56	C: 2	C: 93
M: 20	M: 98	M: 13	M: 34	M: 66	M: 49	M: 66	M: 21	M: 95	M: 45	M: 87	M: 89
Y: 9	Y: 58	Y: 13	Y: 27	Y: 37	Y: 59	Y: 88	Y: 96	Y: 21	Y: 0	Y: 73	Y: 87
K: 0	K: 25	K: 0	K: 0	K: 1	K: 0	K: 36	K: 0	K: 9	K: 0	K: 0	K: 79

这是荷兰银行的年报画册内页设计。将各种信息以不同类型的统计图进行呈现，相对于单纯的文字，视觉效果更为直观醒目。

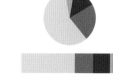

色彩点评

- 画册以浅色为背景主色调，给人冷静、理智的感受。
- 统计图中青色、绿色等色彩的运用，在鲜明的颜色对比中为信息传达提供了便利。

CMYK：9,7,8,0
CMYK：89,53,42,0

CMYK：47,35,75,0
CMYK：8,22,47,0

在统计图旁边呈现的文字，对信息进行了相应的解释与说明，同时也让整体的细节效果更加丰富。

推荐色彩搭配

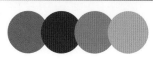

C: 75	C: 27	C: 56	C: 18	C: 51	C: 75	C: 20	C: 11	C: 50	C: 71	C: 67	C: 28
M: 27	M: 12	M: 72	M: 40	M: 20	M: 27	M: 17	M: 16	M: 35	M: 58	M: 9	M: 10
Y: 95	Y: 75	Y: 93	Y: 55	Y: 19	Y: 95	Y: 11	Y: 98	Y: 35	Y: 9	Y: 100	Y: 52
K: 0	K: 0	K: 25	K: 0	K: 0	K: 0	K: 0	K: 0	K: 0	K: 0	K: 0	K: 0

色彩调性：科技、探索、创新、程序、神秘、变异、极致、启动。

常用主题色：

| CMYK:5,19,88,0 | CMYK:41,84,100,6 | CMYK:24,18,93,0 | CMYK:91,61,64,20 | CMYK:45,92,86,12 | CMYK:61,78,0,0 |

常用色彩搭配

| CMYK: 91,85,7,0 | CMYK: 84,46,52,1 | CMYK: 73,100,46,7 | CMYK: 47,62,91,5 |
| CMYK: 25,58,99,0 | CMYK: 29,23,22,0 | CMYK: 81,21,95,0 | CMYK: 50,100,90,28 |

深蓝色是一种极具科技感的色彩，搭配橙色增添了活跃之感。

青色具有理性、稳重的色彩特征，搭配无彩色的灰色，让这种氛围更加浓厚。

深紫色是一种极具神秘色彩的颜色，搭配绿色具有一定的中和效果。

明度偏低的棕色搭配深红色，在邻近色的对比中给人优雅、古典的感受。

配色速查

| 科技 | 探索 | 创新 | 程序 |

  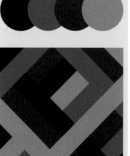

CMYK: 58,5,33,0	CMYK: 60,10,31,0	CMYK: 9,84,88,0	CMYK: 99,95,64,52
CMYK: 94,72,41,3	CMYK: 85,43,75,3	CMYK: 62,24,22,0	CMYK: 84,46,52,1
CMYK: 79,74,72,47	CMYK: 53,82,15,0	CMYK: 85,53,24,0	CMYK: 84,81,0,0
CMYK: 79,96,0,0	CMYK: 93,88,89,80	CMYK: 83,38,100,1	CMYK: 42,30,35,0

这是以黑洞为主题的书籍封面设计。将简化的太空作为封面展示主图，为受众营造了浓浓的科技氛围，使其产生想要一探究竟的欲望。

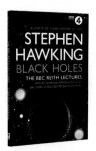

色彩点评

■ 封面以黑色为背景主色调，无彩色的运用凸显科技的严谨与高深，同时也与主题相吻合。

■ 少量白色的运用，提高了封面的亮度。

CMYK: 93,90,79,71
CMYK: 45,38,33,0

CMYK: 87,62,59,15

推荐色彩搭配

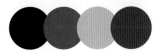

C: 91	C: 85	C: 20	C: 59
M: 87	M: 39	M: 17	M: 69
Y: 90	Y: 54	Y: 11	Y: 28
K: 79	K: 0	K: 0	K: 0

C: 58	C: 14	C: 35	C: 100
M: 50	M: 88	M: 62	M: 96
Y: 47	Y: 71	Y: 77	Y: 61
K: 0	K: 0	K: 0	K: 30

C: 100	C: 62	C: 7	C: 94
M: 99	M: 62	M: 83	M: 100
Y: 57	Y: 5	Y: 45	Y: 53
K: 43	K: 0	K: 0	K: 10

这是一款科幻图书的封面设计。封面文字由曲线构成，这样既保证了文字的可阅读性，又在变化中给人浓浓的科技感。

色彩点评

■ 封面以纯度偏低的深绿色为主，以较低的明度给人深邃、神秘的印象。

■ 高明度的绿色文字，在深色背景的衬托下十分醒目。

CMYK: 65,78, 92,51 CMYK: 86,63,100,46
CMYK: 47,0,89,0

在主标题文字下方的小文字，将信息进一步传达。同时封面中适当留白的运用，为读者营造了一个广阔的想象空间。

推荐色彩搭配

C: 62	C: 82	C: 47	C: 24
M: 17	M: 53	M: 27	M: 56
Y: 100	Y: 100	Y: 10	Y: 67
K: 0	K: 21	K: 0	K: 0

C: 84	C: 67	C: 78	C: 53
M: 80	M: 9	M: 24	M: 39
Y: 75	Y: 100	Y: 24	Y: 38
K: 59	K: 0	K: 0	K: 0

C: 16	C: 13	C: 80	C: 60
M: 35	M: 12	M: 64	M: 27
Y: 100	Y: 10	Y: 100	Y: 100
K: 0	K: 0	K: 44	K: 0

这是有关太空探索的书籍封面设计。将内置太空图像的大写字母G作为封面展示主图，营造了浓浓的神秘与科技氛围。底部主次分明的文字，将信息进一步传达，同时也让细节效果更加丰富。

色彩点评

■ 书籍以浅色为背景主色调，将版面内容进行清楚的凸显。

■ 不同明度的紫色的运用，在变化中增强了层次立体感。

CMYK: 9,11,0,0
CMYK: 95,99,73,67

CMYK: 54,71,0,0
CMYK: 52,88,41,0

推荐色彩搭配

C: 98	C: 50	C: 58	C: 25	C: 74	C: 80	C: 47	C: 44	C: 40	C: 3	C: 45	C: 0
M: 98	M: 66	M: 85	M: 19	M: 100	M: 45	M: 71	M: 37	M: 56	M: 22	M: 0	M: 65
Y: 74	Y: 0	Y: 32	Y: 18	Y: 31	Y: 60	Y: 0	Y: 34	Y: 1	Y: 69	Y: 20	Y: 90
K: 67	K: 0	K: 0	K: 0	K: 0	K: 2	K: 0	K: 0	K: 0	K: 0	K: 20	K: 0

这是以太空探索为主题的宣传画册内页设计。将宇航员在太空探索的图像作为展示主图，直接表明了画册的宣传内容，同时具有很强的视觉吸引力。

色彩点评

■ 画面整体以深色为背景主色调，无彩色的运用给人严谨、高端的印象。

■ 少量蓝色的运用，让整体的科技氛围更加浓厚，同时也丰富了色彩质感。

CMYK: 93,88, 89,80   CMYK: 56,47,44,0
CMYK: 64,26,12,0

在右侧版面中以骨骼型呈现的文字，将信息直接传达，同时也让版面十分整洁统一，为读者阅读提供了便利。

推荐色彩搭配

C: 53	C: 80	C: 92	C: 15	C: 69	C: 22	C: 30	C: 96	C: 53	C: 58	C: 100	C: 19
M: 44	M: 74	M: 66	M: 71	M: 100	M: 30	M: 22	M: 92	M: 44	M: 85	M: 98	M: 99
Y: 42	Y: 72	Y: 29	Y: 98	Y: 40	Y: 58	Y: 9	Y: 80	Y: 42	Y: 32	Y: 58	Y: 100
K: 0	K: 46	K: 0	K: 0	K: 0	K: 0	K: 0	K: 75	K: 0	K: 0	K: 25	K: 0

6.9　杂志类

色彩调性：素净、温暖、整洁、明媚、沉稳、欢快、成熟。

常用主题色：

CMYK:49,19,16,0　　CMYK:8,72,73,0　　CMYK:90,54,100,26　　CMYK:30,100,100,1　　CMYK:28,59,0,0　　CMYK:82,51,28,0

常用色彩搭配

CMYK: 54,31,26,0　　　CMYK: 24,27,25,0　　　CMYK: 30,100,100,1　　　CMYK: 85,77,0,0
CMYK: 28,3,87,0　　　CMYK: 73,100,46,7　　　CMYK: 7,3,86,0　　　CMYK: 40,31,46,0

青灰色具有素雅、单一的色彩特征，搭配青绿色，具有很好的中和效果。

无彩色的灰色多给人单调与乏味的感受，搭配深紫色增添了优雅与成熟气息。

明度和纯度偏高的红色搭配黄色，邻近色的对比十分引人注目。

蓝色是一种充满理性色彩的颜色，搭配纯度偏低的棕色，给人稳重与成熟之感。

配色速查

素净	温暖	整洁	明媚

CMYK: 20,24,28,0	CMYK: 13,24,82,0	CMYK: 24,21,29,0	CMYK: 5,24,39,0
CMYK: 42,15,55,0	CMYK: 10,49,41,0	CMYK: 49,19,16,0	CMYK: 4,49,93,0
CMYK: 76,19,49,0	CMYK: 27,88,68,0	CMYK: 63,12,34,0	CMYK: 43,9,89,0
CMYK: 38,51,74,0	CMYK: 41,65,100,2	CMYK: 61,9,66,0	CMYK: 64,0,32,0

这是杂志的内页设计。将工作图像以跨页的形式进行呈现，让读者对其有一个较为直观醒目的感受。而且以较大字号呈现的文字，对读者具有积极的引导作用。

色彩点评

- 杂志以灰色为主色调，无彩色的运用可以很好地凸显整体的质感与格调。
- 少量明度偏高的黄色的运用，为版面增添了满满的活力与动感，十分醒目。

CMYK: 33,30,31,0　　　　CMYK: 0,15,83,0
CMYK: 71,70,75,37

推荐色彩搭配

C: 42	C: 27	C: 0	C: 63
M: 49	M: 27	M: 15	M: 33
Y: 64	Y: 28	Y: 83	Y: 78
K: 0	K: 0	K: 0	K: 0

C: 0	C: 3	C: 91	C: 11
M: 27	M: 0	M: 89	M: 70
Y: 82	Y: 55	Y: 88	Y: 71
K: 0	K: 0	K: 79	K: 0

C: 71	C: 0	C: 33	C: 86
M: 70	M: 15	M: 30	M: 63
Y: 75	Y: 83	Y: 31	Y: 100
K: 37	K: 0	K: 0	K: 46

这是杂志的版面设计。运用简单的几何图形将整个版面进行划分，打破了纯色背景的单调与乏味，让整体的视觉效果更加丰富。

色彩点评

- 明度偏高的青色与红色的运用，在鲜明的颜色对比中十分醒目。
- 少量深灰色的运用，中和了颜色的跳跃感，增强了整体的视觉稳定性。

CMYK: 65,0,40,0　　CMYK: 0,71,7,0
CMYK: 68,54,42,0

在版面中间部位呈现的文字，将信息直接传达。而且版面中大面积留白的运用，为读者阅读提供了便利。

推荐色彩搭配

C: 76	C: 16	C: 87	C: 47
M: 2	M: 70	M: 89	M: 38
Y: 54	Y: 49	Y: 89	Y: 33
K: 0	K: 0	K: 78	K: 0

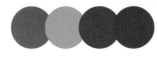

C: 0	C: 28	C: 91	C: 71
M: 67	M: 24	M: 45	M: 60
Y: 96	Y: 29	Y: 100	Y: 51
K: 0	K: 0	K: 8	K: 5

C: 63	C: 17	C: 71	C: 18
M: 55	M: 11	M: 11	M: 64
Y: 53	Y: 5	Y: 36	Y: 69
K: 2	K: 0	K: 0	K: 0

这是一款国外的宣传画册封面设计。将相同大小的正方形作为展示主图，在整齐有序的排列中增添了些许的活跃与动感气息。在正方形内部呈现的文字，将信息直接传达。

色彩点评

■ 封面以浅色作为背景主色调，将版面内容进行清楚的凸显，同时给人简约大方之感。

■ 少量红色与黑色的运用，在经典的颜色组合中丰富了版面的色彩质感。

CMYK: 10,9,4,0
CMYK: 92,89,89,80

CMYK: 21,100,100,0

推荐色彩搭配

C: 20	C: 93	C: 22	C: 79
M: 99	M: 88	M: 17	M: 35
Y: 96	Y: 89	Y: 16	Y: 91
K: 0	K: 80	K: 0	K: 0

C: 45	C: 38	C: 37	C: 80
M: 100	M: 95	M: 27	M: 74
Y: 100	Y: 81	Y: 9	Y: 69
K: 20	K: 4	K: 0	K: 41

C: 6	C: 88	C: 71	C: 29
M: 53	M: 54	M: 64	M: 100
Y: 94	Y: 12	Y: 65	Y: 100
K: 0	K: 0	K: 18	K: 1

这是一款杂志内页的版式设计。将几何图形构成的图案作为内页展示主图，以极具创意的方式吸引读者注意力，同时增强了版面的视觉稳定性。

色彩点评

■ 内页以纯度偏低、明度适中的锦葵紫为主，给人优雅、精致的印象。

■ 红色、青灰色、黑色等色彩的运用，在对比中丰富了版面的色彩感。

CMYK: 46,87,9,0   CMYK: 89,84,91,77
CMYK: 51,27,0,0   CMYK: 2,88,100,0

在左侧版面中主次分明的文字，将信息直接传达。而且大面积留白的运用，为读者营造了一个广阔的想象空间。

推荐色彩搭配

C: 74	C: 0	C: 49	C: 6
M: 100	M: 48	M: 5	M: 5
Y: 31	Y: 84	Y: 76	Y: 7
K: 0	K: 0	K: 0	K: 0

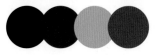

C: 95	C: 93	C: 30	C: 53
M: 93	M: 100	M: 28	M: 80
Y: 80	Y: 7	Y: 4	Y: 0
K: 75	K: 0	K: 10	K: 0

C: 53	C: 42	C: 38	C: 9
M: 0	M: 65	M: 30	M: 8
Y: 44	Y: 0	Y: 22	Y: 71
K: 0	K: 0	K: 0	K: 0

7

第7章
书籍装帧设计的
经典技巧

在进行书籍装帧设计时，除了遵循色彩的基本搭配常识以外，还应该注意很多技巧。如关于版式设计、字体、图形图案、创意表达等。只有从全局考虑才能将设计表达得更清晰。在本章中将为大家讲解一些常用的书籍装帧设计技巧。

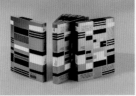

7.1 适当留白增强版面格调与透气感

留白是书籍页面排版必不可少的要素。留白并不是指在页面中留下大面积的空白，而是为了提升版面效果，进行有目的的预设留白。留白不仅可以减轻阅读者的视觉压力，同时还可以增强版面整体的格调与透气感。

这是一款家居用品的目录画册设计。采用分割型的构图方式，将整个版面划分为不同区域，增强了整体的层次感。红色的运用，很好地凸显出产品的品质。左上角适当留白的运用，提升了整个版面的格调与透气感。

CMYK: 11,99,93,0
CMYK: 93,88,89,80
CMYK: 35,27,25,0

推荐配色方案

CMYK: 33,100,100,2　CMYK: 40,32,29,0
CMYK: 93,88,89,80　CMYK: 0,65,90,0

CMYK: 44,40,38,0　CMYK: 16,12,12,0
CMYK: 80,31,69,0　CMYK: 69,29,11,0

这是画册的版式设计。将大小不同的图像作为展示主图，给读者清晰直观的视觉印象。整个页面以白色为主，给人干净整洁的感受。少量深色的点缀，增强了稳定性。特别是适当留白的运用，瞬间提升了整个版式的格调。

CMYK: 29,32,32,0
CMYK: 30,42,54,0
CMYK: 66,71,81,36
CMYK: 20,15,15,0

推荐配色方案

CMYK: 50,35,35,0　CMYK: 3,22,69,0
CMYK: 28,22,24,0　CMYK: 87,44,73,4

CMYK: 56,67,78,16　CMYK: 46,99,100,19
CMYK: 38,33,43,0　CMYK: 27,44,100,0

某些看似冰冷的色彩，却可以表达强大的情感。因此在对书籍装帧进行设计时，可以从书籍主题调性、受众人群、地域特征等方面出发，选择合适的色彩，使其与书籍内容在视觉上具有统一协调性。

这是儿童旅游指南的书籍内页设计。将各种旅游事务以简笔插画的形式进行呈现，为儿童阅读提供了便利。整体以明度和纯度适中的青色为主，给人整齐统一的视觉印象。而且少量红色、绿色、橙色等颜色的点缀，增强了整体的色彩质感。

CMYK: 67,1,17,0
CMYK: 15,69,0,0
CMYK: 0,48,84,0
CMYK: 49,5,76,0

推荐配色方案

CMYK: 6,5,7,0　　　　CMYK: 53,4,38,0
CMYK: 2,97,100,0　　CMYK: 87,100,57,27

CMYK: 0,47,96,0　　　CMYK: 0,89,73,0
CMYK: 58,4,13,0　　　CMYK: 50,35,35,0

这是科幻书籍封面设计。将由线条构成的文字作为封面展示主图，不仅让文字具有较好的完整性，也与书籍风格调性相吻合。封面以纯度偏高、明度较低的蓝色为主，营造出浓浓的科幻视觉氛围。

CMYK: 100,91,35,0
CMYK: 62,23,7,0
CMYK: 42,0,4,0

推荐配色方案

CMYK: 66,10,0,0　　　CMYK: 25,10,91,0
CMYK: 87,55,11,0　　CMYK: 92,73,0,0

CMYK: 35,27,26,0　　CMYK: 100,20,11,0
CMYK: 45,0,20,20　　CMYK: 0,18,93,0

7.3 运用插画增强受众对书籍的理解力

相较于实物，插画具有更强的视觉吸引力。通过插画，不仅可以将场景进行完美的呈现，也可以添加一些小元素来辅助读者对书籍内容的理解。最重要的是，插画可以缓解读者在生活和工作中的压力，使其获得片刻的舒适与放松。

这是插图书籍封面设计。将由几何图形构成的简笔插画作为展示主图，给读者直观醒目的视觉印象。封面整体以紫色为主，给人优雅、时尚的印象。而且少量纯度偏高的暗红色的点缀，增强了整体的稳定性与层次感。

CMYK：54,58,0,0
CMYK：0,50,16,0
CMYK：72,100,45,6
CMYK：0,23,56,0

推荐配色方案

CMYK：7,7,13,0　　CMYK：45,19,27,0
CMYK：44,38,38,0　CMYK：100,20,11,0

CMYK：84,90,22,0　CMYK：0,30,9,0
CMYK：47,97,21,0　CMYK：76,75,0,0

这是书籍的内页设计。采用对称型的构图方式，将造型独特的插画房子在版面中间位置呈现，具有很强的视觉聚拢感，而且与书籍的风格调性十分吻合。红色、蓝色等色彩的运用，在鲜明的颜色对比中，给人提供了广阔的想象空间。

CMYK：25,0,13,0
CMYK：52,98,67,18
CMYK：75,37,13,0
CMYK：24,39,16,0

推荐配色方案

CMYK：10,92,100,0　CMYK：13,53,100,0
CMYK：15,51,0,0　　CMYK：71,15,0,0

CMYK：88,54,12,0　CMYK：36,16,1,0
CMYK：36,29,16,0　CMYK：50,41,38,0

在书籍装帧设计时合理运用图形，可以呈现意想不到的效果。封闭图形具有很强的视觉聚拢感，十分引人注目；还可以很好地丰富书籍细节效果，让主体对象更加突出。

这是一本烹饪食谱书籍的封面设计。将由简单几何图形构成的炊具外轮廓作为展示主图，直接表明了书籍的内容特征。而且背景中各种装饰性图形的添加，丰富了整体的细节效果。书籍以橙色为主，极大程度地刺激了受众味蕾。

CMYK: 0,71,100,0
CMYK: 11,20,38,0
CMYK: 30,94,100,0

推荐配色方案

CMYK: 16,18,16,0　　CMYK: 18,87,100,0
CMYK: 22,50,69,0　　CMYK: 84,64,100,46

CMYK: 84,37,15,0　　CMYK: 76,14,12,0
CMYK: 71,70,73,34　　CMYK: 0,53,75,0

这是一本创意书籍封面设计。采用简单的几何图形作为基本图案，通过不断复制的方式使其充满整个封面，给人很强的统一协调感。多种色彩的运用，在鲜明的颜色对比中给人活跃、积极的视觉体验。

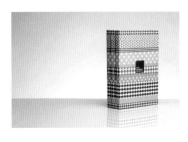

CMYK: 0,87,11,0
CMYK: 39,0,2,0
CMYK: 19,1,95,0
CMYK: 47,45,4,0

推荐配色方案

CMYK: 11,27,0,0　　CMYK: 71,21,0,0
CMYK: 91,88,89,80　　CMYK: 4,41,87,0

CMYK: 52,42,38,0　　CMYK: 70,58,53,5
CMYK: 23,38,58,0　　CMYK: 0,25,100,0

7.5 巧用无彩色提升书籍质感

无彩色色彩虽然没有有彩色色彩的绚丽与活力，但是其具有的稳重、朴素、稳定等色彩特征，既可以中和有彩色色彩的跳跃与轻薄，同时对提升书籍质感也有积极的推动作用。

这是高档品牌包装KEENPAC的画册内页设计。将产品图像作为展示主图，直接表明了画册宣传的性质范围。整个画册以无彩色的黑色、灰色和白色为主，虽然少了色彩的艳丽与活跃，却将产品具有的品质与格调淋漓尽致地凸显了出来。

CMYK: 93,88,89,80
CMYK: 71,64,65,18
CMYK: 0,83,66,0

推荐配色方案

CMYK: 72,64,65,18　CMYK: 89,65,11,0
CMYK: 37,24,24,0　　CMYK: 0,85,87,0

CMYK: 46,38,32,0　　CMYK: 0,65,90,0
CMYK: 69,60,75,19　CMYK: 85,0,40,0

这是装饰艺术杂志内页设计。将整洁统一的衣帽间拍摄图像作为展示主图，给人高雅、精致的视觉印象。特别是白色的运用，让这种氛围更加浓厚。少量橙色的点缀，为版面增添了些许的温暖与柔和。

CMYK: 21,18,19,0
CMYK: 7,29,35,0
CMYK: 58,30,68,0

推荐配色方案

CMYK: 10,53,62,0　　CMYK: 36,35,40,0
CMYK: 13,17,14,0　　CMYK: 80,78,57,25

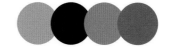

CMYK: 35,22,17,0　　CMYK: 81,78,85,62
CMYK: 77,18,5,0　　　CMYK: 79,35,91,0

在排版中运用较大字号的无衬线字体，不仅可以给受众直观醒目的视觉印象，也可以让主次对比效果更加明显，为读者阅读提供便利。

这是一本书籍封面设计。将文字以较大字号的无衬线字体进行呈现，给读者直观清晰的视觉感受，将信息直接传达。而且在文字粗细的变化中，增强了整体的层次感。封面中适当留白的运用，为读者阅读提供了便利。

CMYK: 22,17,16,0
CMYK: 20,99,96,0
CMYK: 93,88,89,80

推荐配色方案

CMYK: 0,86,64,0   CMYK: 89,89,87,78
CMYK: 91,83,0,0   CMYK: 11,4,84,0

CMYK: 45,0,23,0   CMYK: 0,40,47,0
CMYK: 26,2,100,0   CMYK: 75,75,76,47

这是一本书籍的内页设计。以远山作为书籍内页展示主图，使版面具有很强的层次立体感。将主标题文字以较大字号的无衬线字体呈现，在主次分明之间将信息直接传达。

CMYK: 5,100,100,0
CMYK: 100,90,58,24
CMYK: 36,25,19,0
CMYK: 44,55,53,0

推荐配色方案

CMYK: 93,88,89,80   CMYK: 55,49,47,0
CMYK: 28,100,100,1   CMYK: 0,25,100,0

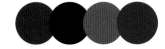

CMYK: 87,78,49,13 CMYK: 91,87,90,79
CMYK: 24,61,66,0   CMYK: 88,51,100,17

7.7 运用暖色调拉近与受众的距离

暖色调具有很强的亲和感，如橙色、红色、黄色等。在书籍装帧设计中运用暖色调，可以拉近与受众的距离，获得读者的信任，对书籍宣传具有很好的推动作用。

这是烹饪食谱书籍的封面设计。采用矩形作为图像呈现载体，具有很强的视觉聚拢感。封面以粉色为主，纯度和明度适中，很好地拉近了与读者的距离。少量黄色的运用，在对比之中刺激读者味蕾，激发其进行购买的欲望。

CMYK：1,38,19,0
CMYK：20,27,100,0
CMYK：27,100,91,0
CMYK：17,53,92,0

推荐配色方案

CMYK：18,14,13,0　　CMYK：24,45,76,0
CMYK：10,64,66,0　　CMYK：4,38,96,0

CMYK：9,27,76,0　　CMYK：27,20,17,0
CMYK：0,53,11,0　　CMYK：49,0,93,0

这是一本书籍的装帧设计。将一株植物作为封面展示主图，为封面增添了些许的生机与活力。封面以无彩色的淡灰色为主，给人素雅、纯净之感。少量明度偏低的粉色的运用，给人整洁、素净的视觉印象，瞬间拉近了与受众的距离。

CMYK：27,39,28,0
CMYK：10,9,11,0
CMYK：66,69,36,0

推荐配色方案

CMYK：18,62,46,0　　CMYK：2,26,13,0
CMYK：20,36,25,0　　CMYK：84,88,90,76

CMYK：73,46,100,6　　CMYK：0,86,10,0
CMYK：0,69,100,0　　CMYK：71,38,47,0

在进行书籍装帧设计时，采用分割型的构图方式，可以为版面增添视觉动感。而且在不同颜色以及面积区域大小的对比中，让整个版面的视觉效果更加饱满丰富。

这是一本书籍的封面设计。将整个封面划分为若干相同的区域，并且添加不同的纹理背景，这样可以为封面营造满满的视觉动感。封面中红色、粉色等色彩的运用，给人统一协调的印象。而少量深色的点缀，增强了整体的视觉稳定性。

CMYK：0,91,82,0
CMYK：18,51,0,0
CMYK：59,40,25,0
CMYK：96,85,85,76

推荐配色方案

CMYK：42,35,32,0　　CMYK：100,97,53,7
CMYK：14,100,100,0　CMYK：24,38,38,0

CMYK：69,60,75,19　CMYK：100,56,1,0
CMYK：0,85,87,0　　CMYK：3,32,16,0

这是食谱研究书籍的封面设计。采用分割型的构图方式，将整个封面划分为不均等的两部分，为书籍增添了活跃与动感。书籍中间部位矩形图像的添加，具有很强的视觉聚拢感，而且也凸显了书籍具有的格调与品质。

CMYK：27,58,40,0
CMYK：22,22,24,0
CMYK：62,70,76,26

推荐配色方案

CMYK：50,35,35,0　CMYK：3,22,69,0
CMYK：1,41,21,0　　CMYK：84,88,90,76

CMYK：26,85,17,0　CMYK：74,69,66,27
CMYK：41,69,93,3　CMYK：69,33,51,0

7.9 根据不同的阅读对象 选择合适的颜色

不同阅读对象具有不同的颜色倾向。比如，儿童具有活泼开朗的个性特征，因此在设计童书类作品时，明度偏高的高饱和度色彩是首选；而对于老年人来说，经历了一辈子的劳碌与奋斗，到年老时更加追求生活与心灵的平静与安宁，因此在设计与其相关的书籍时，宜采用明度与饱和度适中的色彩。

这是儿童画册设计。以较大字号无衬线字体排列的数字，给读者清晰直观的视觉印象。对于儿童来说，具有很强的视觉吸引力。蓝色、黄色、红色、绿色等色彩的运用，在鲜明的颜色对比中尽显儿童的天真与活力。

CMYK: 17,18,16,0
CMYK: 67,24,17,0
CMYK: 11,31,91,0
CMYK: 64,61,23,0

推荐配色方案

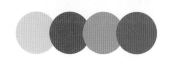

CMYK: 13,10,10,0　　CMYK: 22,73,35,0
CMYK: 49,14,88,0　　CMYK: 18,62,84,0

CMYK: 24,0,34,0　　CMYK: 34,0,38,0
CMYK: 5,8,34,0　　CMYK: 3,22,69,0

这是一本书籍的封面设计。将两个不规则图形作为封面展示主图，看似凌乱的摆放，实则丰富了整体的细节效果。封面以纯度偏高的蓝色为主，给人稳重、理智的视觉印象。少量白色和黑色的运用，让这种氛围更加浓厚，与书籍内容十分吻合。

CMYK: 58,5,0,0
CMYK: 91,89,78,71
CMYK: 24,13,5,0

推荐配色方案

CMYK: 65,21,9,0　　CMYK: 0,0,0,0
CMYK: 3,90,99,0　　CMYK: 29,0,64,0

CMYK: 24,20,18,0　　CMYK: 62,0,25,0
CMYK: 25,18,44,0　　CMYK: 83,18,77,0

在所有的色彩搭配中，撞色具有很强的视觉冲击力。在书籍装帧设计时，适当运用撞色可以丰富整体的色彩质感，极大程度地吸引读者注意力。

这是图书的封面设计。将野外郊游简笔插画作为展示主图，以简洁直观的方式营造了舒适放松的视觉氛围。封面以不同明、纯度的绿色为主，特别是少量红色的点缀，在鲜明的颜色对比中给人活跃、积极的印象，具有很强的视觉冲击力。

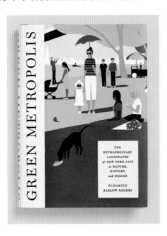

CMYK：93,48,100,13
CMYK：40,0,82,0
CMYK：0,89,91,0
CMYK：0,15,82,0

推荐配色方案

CMYK: 12,8,16,0   CMYK: 0,28,25,0
CMYK: 47,0,90,0   CMYK: 0,93,97,0

CMYK: 64,0,62,0   CMYK: 0,73,64,0
CMYK: 7,13,80,0   CMYK: 67,59,57,6

这是极简创意书籍封面设计。将抽象的简笔插画作为展示主图，不规则闭合图形的运用，具有很强的视觉聚拢感。封面以纯度和明度适中的青色为主，在与少量橙色的鲜明对比中，让整体色彩质感得到增强，极具视觉冲击力。

CMYK：78,12,44,0
CMYK：14,35,100,0
CMYK：85,78,95,72

推荐配色方案

CMYK: 2,54,9,0   CMYK: 46,64,73,4
CMYK: 71,28,27,0   CMYK: 15,20,20,0

CMYK: 49,11,29,0   CMYK: 100,73,74,49
CMYK: 11,100,100,0   CMYK: 4,41,87,0

7.11 运用图像增强书籍韵律感

　　相较于文字，图像具有更强的视觉吸引力，而且可以传达出较多的信息。在书籍装帧设计时运用图像，可以很好地增强韵律感与节奏感。

　　这是高档品牌包装的画册设计。将产品图像作为展示主图在页面顶部呈现，而且相对对称的构图方式，增强了整体的节奏韵律感。黑色背景的运用，尽显产品的品质与精致。

CMYK: 84,79,78,62
CMYK: 75,38,16,0
CMYK: 0,82,91,0
CMYK: 33,42,93,0

推荐配色方案

CMYK: 68,60,58,8　　CMYK: 42,47,55,0
CMYK: 9,53,0,0　　　CMYK: 93,88,89,80

CMYK: 49,38,40,0　　CMYK: 49,100,100,30
CMYK: 40,64,100,2　　CMYK: 73,71,55,14

　　这是烹饪杂志的内页设计。将烹饪的食物充满左侧整个版面，对刺激人的食欲可以起到很大的作用，十分引人注目。而在右下角小图像的添加，在一大一小的对比中，让整个版式极具视觉韵律感。

CMYK: 80,79,39,2
CMYK: 27,20,13,0
CMYK: 51,93,100,30
CMYK: 15,36,75,0

推荐配色方案

CMYK: 58,81,100,42　　CMYK: 65,65,38,0
CMYK: 37,75,72,1　　　CMYK: 60,0,9,0

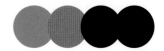

CMYK: 49,33,38,0　　CMYK: 0,60,7,0
CMYK: 67,100,89,65　　CMYK: 93,97,75,69

在进行书籍装帧设计时，将一个完整的版面进行划分，随着划分区域大小的不同，版面也会呈现不同的视觉效果。特别是在不同颜色的对比中，可以为版面增添活力与动感，具有很强的视觉聚拢效果。

这是画册的封面设计。采用分割型的构图方式，将整个封面划分为不同大小的区域，给人很强的视觉动感。同时在不同颜色的鲜明对比中，让这种氛围更加浓厚。少量黑色的点缀，增强了整体的视觉稳定性。

CMYK: 91,86,91,78
CMYK: 66,32,100,0
CMYK: 89,63,6,0
CMYK: 6,53,94,0

推荐配色方案

CMYK: 78,74,75,48　CMYK: 47,7,100,0
CMYK: 2,75,9,0　　CMYK: 2,56,100,0

CMYK: 0,38,75,0　　CMYK: 92,57,58,9
CMYK: 44,78,0,0　　CMYK: 7,89,100,0

这是一本书籍的封面设计。采用分割型的构图方式，将完整的版面进行不同区域的划分，以简洁且有创意的方式营造了浓浓的活跃氛围。同时在不同颜色的对比中，让整体的色彩质感得到增强。

CMYK: 100,100,59,21
CMYK: 7,99,0,0
CMYK: 57,10,98,0
CMYK: 10,0,87,0

推荐配色方案

CMYK: 67,77,90,52　CMYK: 51,44,51,0
CMYK: 10,75,37,0　　CMYK: 19,0,94,0

CMYK: 47,11,0,0　　CMYK: 24,22,0,0
CMYK: 0,98,100,0　　CMYK: 56,48,100,3

7.13 添加相同的底色增强版面统一感

在书籍装帧设计过程中，有时要添加的图像或者文字具有不同尺寸，为了增强整体的视觉统一感，此时可以为其添加相同大小与颜色的底图，达到整齐有序的效果。但需要注意的是，添加的底图要以不影响整体的阅读效果为前提。

这是汽车零部件品牌产品的画册内页设计。在页面中以相同的黑色矩形作为文字呈现载体，让整个版面尽显统一与秩序感。同时，不同大小产品图像的添加，丰富了整体的视觉印象；少量红色的点缀，为暗沉的版面增添了一抹亮丽的色彩。

CMYK：47,38,36,0
CMYK：70,68,67,24
CMYK：38,100,100,4

推荐配色方案

CMYK：67,60,52,4   CMYK：87,86,91,77
CMYK：0,88,81,0   CMYK：3,22,69,0

CMYK：79,33,88,0   CMYK：93,88,89,80
CMYK：0,65,90,0   CMYK：0,85,87,0

这是画册的内页设计。将产品展示图像作为展示主图，直接表明了画册的宣传内容，十分引人注目。以相同的粉色矩形作为文字呈现载体，给人统一和谐的视觉印象。而且，不同明、纯度粉色的运用，给人柔和、温馨的感受。

CMYK：16,35,22,0
CMYK：16,61,44,0
CMYK：4,28,15,0

推荐配色方案

CMYK：67,69,66,21   CMYK：24,18,18,0
CMYK：22,38,27,0   CMYK：0,53,75,0

CMYK：3,22,69,0   CMYK：51,57,22,0
CMYK：15,73,73,0   CMYK：50,35,35,0

对比手法在书籍装帧设计中也是比较常用的。这里的对比包括颜色对比、插画大小对比、标题文字大小对比等。通过适当的对比，可以让信息更加直观、强烈，同时对书籍宣传也有积极的推动作用。

这是一本书籍的封面设计。将主标题文字以较大字号的无衬线字体进行呈现，十分直观醒目。同时少量较小字号说明性文字的添加，在对比之中让封面具有很强的视觉层次感。特别是主标题文字底部投影的添加，让这种氛围更加浓厚。

CMYK: 33,100,100,2
CMYK: 15,11,9,0
CMYK: 90,85,86,76

推荐配色方案

CMYK: 91,87,90,79 CMYK: 37,100,100,5
CMYK: 0,65,90,0 CMYK: 31,20,20,0

CMYK: 0,100,97,0 CMYK: 58,19,53,0
CMYK: 69,60,75,19 CMYK: 80,31,69,0

这是一本书籍的内页设计。将实景拍摄图像作为展示主图，极具视觉吸引力。而且在图像不同大小的鲜明对比中，让信息非常直观醒目地呈现出来。内页以明度和纯度适中的黄色为主，给人理性而不失时尚的视觉印象。

CMYK: 38,30,27,0
CMYK: 13,36,80,0
CMYK: 50,55,51,0

推荐配色方案

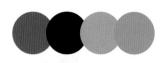

CMYK: 37,59,100,0 CMYK: 78,93,78,68
CMYK: 23,30,21,0 CMYK: 64,15,6,0

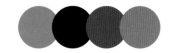

CMYK: 27,36,63,0 CMYK: 69,82,100,60
CMYK: 76,67,10,0 CMYK: 1,52,58,0

7.15 运用网格系统增强版面的节奏韵律感

当版面内容较多时，如果采用较为自由的排版方式，不但达不到信息传递的效果，反而给人杂乱无章的印象。此时则可以导入网格系统，通过网格系统的编排，让版面变得整齐、饱满，并充满节奏韵律感。

这是一款书籍的内页设计。将文字与图像以规整的网格系统进行呈现，让整个版面具有很强的节奏韵律感，同时为读者阅读提供了便利。内页中少量明度偏低的棕色的运用，给人优雅、精致的视觉印象。

CMYK: 25,33,38,0
CMYK: 44,100,100,18
CMYK: 70,55,34,0

推荐配色方案

CMYK: 43,78,100,7   CMYK: 16,47,73,0
CMYK: 24,56,65,0   CMYK: 68,60,64,11

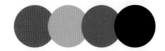

CMYK: 34,64,73,0   CMYK: 39,16,16,0
CMYK: 67,51,72,6   CMYK: 78,88,95,73

这是高档品牌包装的画册内页设计。将产品图像作为展示主图，给读者直观醒目的视觉印象。整个页面将图像和文字以网格系统进行编排，让版面变得整齐统一且具有很强的节奏韵律感。

CMYK: 84,79,78,62
CMYK: 32,29,93,0
CMYK: 23,58,93,0
CMYK: 7,95,94,0

推荐配色方案

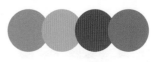

CMYK: 7,42,44,0   CMYK: 11,29,29,0
CMYK: 11,75,80,0   CMYK: 29,46,100,0

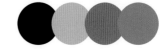

CMYK: 93,88,89,80   CMYK: 16,22,31,0
CMYK: 9,60,88,0   CMYK: 56,38,33,0

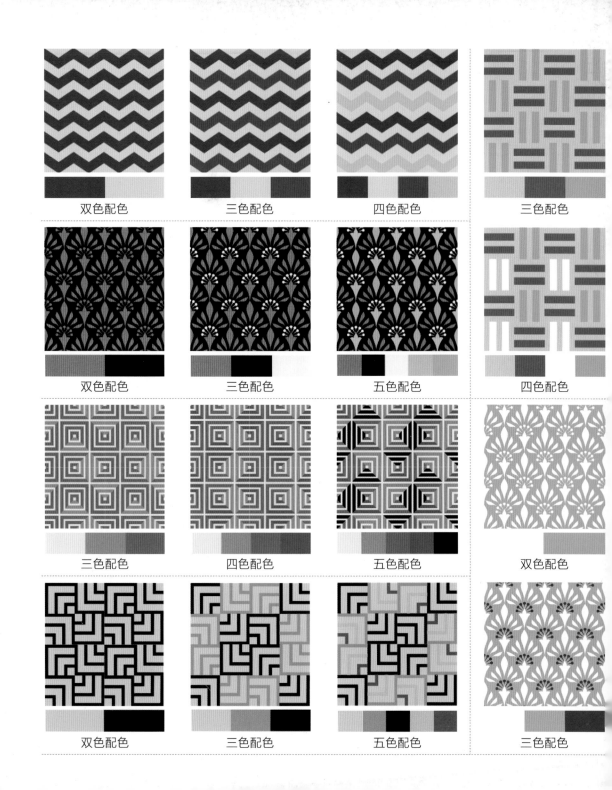

双色配色 　三色配色 　四色配色 　三色配色

双色配色 　三色配色 　五色配色 　四色配色

三色配色 　四色配色 　五色配色 　双色配色

双色配色 　三色配色 　五色配色 　三色配色